"十四五"普通高等教育本科部委级规划教材

创意首饰设计

CHUANGYI SHOUSHI SHEJI

邵翃恩◎著

中国纺织出版社有限公司

内 容 提 要

本书通过调研西方国家首饰设计专业的教学模式，与国内首饰设计专业教学相比较，归纳总结可以借鉴的地方，寻求合理的应用与发展。本书内容包括首饰设计概论、创意思维的形式与构建方法、首饰设计的能力与创意过程、首饰设计元素提取与应用、首饰创意设计实践、定向首饰设计案例，以及实践过书中内容的首饰设计师们的访谈资料，以直观的方式来体现本书内容的可行性。

本书可供首饰设计专业师生及爱好者参考阅读。

图书在版编目（CIP）数据

创意首饰设计 / 邵翃恩著 . -- 北京：中国纺织出版社有限公司，2023.10

"十四五"普通高等教育本科部委级规划教材

ISBN 978-7-5229-0220-3

Ⅰ.①创… Ⅱ.①邵… Ⅲ.①首饰—设计—高等学校—教材 Ⅳ.① TS934.3

中国版本图书馆 CIP 数据核字（2022）第 253824 号

责任编辑：亢莹莹　　责任校对：王蕙莹　　责任印制：王艳丽

中国纺织出版社有限公司出版发行
地址：北京市朝阳区百子湾东里 A407 号楼　邮政编码：100124
销售电话：010—67004422　传真：010—87155801
http://www.c-textilep.com
中国纺织出版社天猫旗舰店
官方微博 http://weibo.com/2119887771
北京通天印刷有限责任公司印刷　各地新华书店经销
2023 年 10 月第 1 版第 1 次印刷
开本：787×1092　1/16　印张：14.25
字数：200 千字　定价：69.80 元

前　言

　　首饰设计教育在国内院校仅开设十几年的时间，尚且年轻。自1993年北京服装学院设立本科首饰设计课程开始；2005年，复旦大学上海视觉艺术学院率先设立首饰设计本科专业，全面引入国外工作室制教学模式。当时，首饰设计教育鲜为人知，是一门与金属工艺密切相关的工艺学科。然而发展至今，全国范围内的相关专业院校已数十余家，社会力量所承办的培训教育也越发关注首饰设计这一小众学科。目前，随着发展首饰设计学科呈现出繁荣的景象。

　　2005年，本人进入上海视觉艺术学院（原复旦大学上海视觉艺术学院）担任教辅一职，协助完成珠宝专业学科建设和工作室筹建等工作，历经工作室初创时的设备材料购置与专业课程建设从无到有的各个环节。同年，跟随第一届新生一同学习了所有相关专业课程。在耳濡目染中，通过全新的教学模式与实操经历，逐渐对首饰设计产生了浓厚的兴趣；设计思维的构建也打破了我自身对设计范畴固有的认知局限。在具备一定专业基础之后，本人前往英国完成首饰设计研究生阶段课程学习，主要研究首饰跨界设计及其商业价值，如功能性首饰在医疗领域的应用与探究、彩宝首饰的再设计与其商业价值的探究等。

　　毕业后，本人有幸再度回到上海视觉艺术学院，任教于首饰设计专业，主要负责首饰设计模块的专业课程教学。该课程是珠宝首饰设计专业的必修课之一，属于重点专业课程。课程分为两个阶段，研究由浅入深。从学生学习造型、色彩、材料、功能、工艺等首饰设计基本元素出发，使其能掌握运用不同的设计方法设计出独特、个性的原创首饰。

　　时至今日，十多年的教学经历，让我对该课程的教学目标和教学效果有了更深入、明晰的思考，在教学内容的选择和教学手段的实施方面也日渐成熟，摸索出更适合我国学生使用的教学方法。2018年，在英国中央圣马丁艺术学院珠宝设计专业交流学习期间，我将我校珠宝首饰专业毕业生的作品集赠予该校的专业教师，并进行了探讨和交流。对方十分惊讶，认为我校的学生十分具有创造力，并且在设计思维的构建上已有尚好的认知。这次访学交流的反馈也给予我很大的鼓励，并萌生了将课程内容整理成书的想法。

　　经过长期对同类教材的考察发现，随着首饰设计专业热度不断增长，对教材

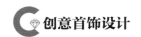

的要求也在逐渐升级。起初首饰设计相关教材大多依靠翻译欧美国家同类书籍，后来逐渐发展为我国院校自行编写教材。许多教材以非常全面的视角，整体地介绍了首饰发展的历史、分类、材料以及相关工艺等；也不乏具有特定研究方向的鉴赏类教材。然而，纵观现有的首饰设计类教材，鲜有关于如何教导、启发学生，帮助其形成独特的首饰创意设计思维的书籍。对于如何深入地将设计灵感逐一转化为作品等具体教学方法，以及如何结合时下需求，使首饰与其他设计领域跨界合作，与时下社会问题相关联等项目制教学内容相对较少。

因此，撰写《创意首饰设计》教材的目的在于从广义的设计概念开始，过渡到具体的首饰设计专业的学习。首先，将首饰设计置于大设计的背景下，介绍首饰设计发展变革中最为重要的历史阶段，以及现代设计思潮、技术等对其产生的影响。其次，教材将创意首饰设计思维的培养作为切入点，以造型、色彩、材料、功能、工艺等首饰设计基本元素为手段，通过系统理论与设计项目练习相结合，从设计概念的形成到模型制作的各个阶段的实例展示，让读者直观明白首饰设计作为设计项目本身，其发展与成形过程的全貌，提前明白作为一名设计师应具备的技能和素养。最后，通过结合时下热点，将首饰与其他设计领域进行跨界结合与尝试，例如，功能性首饰在医疗领域的应用与研究；垃圾回收再制首饰唤醒你我的环保意识；珠宝与生活美学等实际社会热点等问题。最终能掌握运用不同的设计思考方法，设计出符合需求且极具创意特色的原创首饰。

本书通过调查研究西方典型的首饰教育院校的教育模式进行归纳总结，并与国内首饰设计教育模式相比较，寻求一些国内院校可以借鉴的地方，进行合理的应用与发展。教材中还引入实践过书中内容的年轻首饰设计师们的访谈反馈，以直观的方式来体现教材的可行性及其教学意义。

本书力求遵循"加强基础、拓宽专业、注重实践、提高能力"等原则，重在突出学生实践能力培养。其最大特点是内容与国家标准一致，与国际标准接轨。本书既可作为高等院校首饰设计、服装配饰设计等专业课程的实验教材，也可供广大师生、珠宝首饰设计从业人员及首饰设计爱好者参考阅读。

最后，感谢学校、学院领导和专业负责人的悉心指导与帮助，感谢每一位业内友人的鼓励和支持以及珠宝专业每位学生的参与，希望此书能够给予首饰专业学生或首饰设计爱好者一定的启发和帮助。当然，教材中仍然有许多不足和欠缺之处，希望读者给予指正和建议。

2022年4月

目录

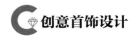

CHUANGYI
SHOUSHI
SHEJI

第 一 章

概论

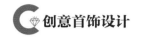

第一节　首饰的定义和分类

一、首饰的定义

　　首饰的产生可以追溯到远古的史前文化。它的出现起初是为了满足人类祭祀、祈福或者身体装饰的需求。历经7000多年的岁月更替和人类文明的变迁，首饰的形态、材质和功能悄然衍变，逐渐成为人们生活中不可或缺的古老装饰艺术之一。

　　传统首饰的定义，可从《后汉书·舆服志》中查考出处："上古穴居而野处，衣毛而冒皮，未有制度，后世圣人易之以丝麻，观翚翟之文，荣华之色，乃染帛以效之，始作五采，成以为服。见鸟兽有冠角䫇胡之制，遂作冠冕缨蕤，以为首饰。"由此可见，"首"可理解为"头"，"饰"则具有两方面含义，一是作为动词，含有装饰、打扮的意思；二是作为名词，指"头面"，如梳、钗、冠等。随着时间的推移，戒指的佩戴日益普遍，甚至有取代其他饰物的趋势，又因"手"与"首"同音，因而将戒指等"手饰"统称为"首饰"，后泛指佩戴于人体外露部分的特殊装饰物。

　　首饰作为私人装饰物品，其极大的魅力源自稀有贵重的材质和具有特殊象征意义的图案符号。因此不论中西方国家，首饰自古都是社会群体中权贵阶层的象征。

　　现代首饰的定义则十分广泛，指任何材质的装饰物。因此，现代首饰不仅涵盖了宝石、贵金属等传统贵重材料，更增添了形式多样的有机、纤维、高科技等价值不同的材料，这些材料作为人体直接装饰品或用以搭配服装而被人们自由选择应用。

二、首饰的分类

　　首饰分类的标准很多，各有所言。以下按材质、装饰部位、设计风格、功能、设计目的来划分。

（一）按材质分类

（1）贵金属首饰材质：黄金、K金、铂金、钯金、纯银等。
（2）其他金属首饰材质：铁、不锈钢、镍合金、铝镁合金、锡合金等。
（3）非金属首饰材质：宝玉石及各种彩石、塑料、橡胶等。
（4）有机类首饰材质：动物牙、骨骼、贝壳、羽毛等。

（二）按装饰部位分类

发饰、头饰、面饰、项饰、耳饰、胸饰、腰饰、手饰、足饰。

（三）按设计风格分类

（1）自然主义风格。

（2）抽象主义风格。

（3）传统首饰风格。

（4）几何建筑风格。

（四）按功能分类

（1）装饰类。

（2）保健类。

（3）寓意类。

（五）按设计目的分类

（1）商业款首饰。

（2）艺术首饰。

第二节　首饰设计的定义

一、现代设计的定义

在谈及首饰设计的定义时，我们首先需要对设计作出明确的定义。究竟什么是设计？

"*Design is essentially a rational, logical, sequential process intended to solve problems.*"

"设计本质上是一个合理的、逻辑的、顺序的过程，旨在解决问题。"

——eduweb.uk

"设计是指将一个主意或计划转变成具有创造性的详细的施工或生产计划或方案。"

——《辞海》

"设计"一词源于英文design，指头脑中进行某种创造时的计划和方案的展示过程，即头脑中的构思。

王受之先生曾在《世界现代设计史》一书中关于设计的部分给出了明确的答案："由于设计所牵涉的面非常广泛，所以将设计的具体方向给予范围限定，如服装设计、建筑设计、产品设计等（图1-1）。"

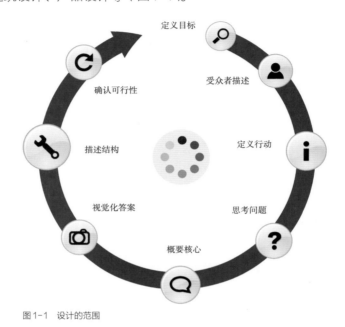

定义目标

受众者描述

确认可行性

描述结构

定义行动

视觉化答案

思考问题

概要核心

图1-1　设计的范围

二、首饰设计的定义

用图纸表达的方式对首饰进行创作，即将头脑中对某一首饰的创意和构思用图纸逼真地表现出来，并通过工艺将这一构思转变为实物。它是一种造型设计，通过材质和形式美的研究来传达情感，并且具有装饰功能或使用功能。它强调功能与美学造型的一致性。对于设计师而言，首饰设计既是表达自身灵感和愿望的媒介，也是其工艺制作偏好的延伸。

迄今为止，首饰设计究竟隶属工艺美术范畴，还是归于服装设计名下，或划分于工业设计的类别，始终没有明确的答案。就大设计的背景而言，首饰设计符合所有设计的定义及要素，但就功能而言，首饰本身似乎始终无法脱离人体装饰而独立存在。因此，狭义而言，首饰设计是服务于私人装饰需求的装饰艺术设计；广义而言，它又可被视作具有时代特征的文化产品设计。

第三节　首饰设计发展及变革的重要阶段

首饰的发展历史悠久，距今已有7000多年。史前人类敬畏上天，祈福求生，避祸趋福，部落族群之间用以宗教祭司，经过长期的发展，首饰成为陪伴人类最早的装饰物品。随着人类文明进程的步伐，皇亲国戚开始享用金工细品，首饰自此便成为佩戴者地位的象征。

首饰的材料自古珍贵，人类对于黄金、宝石的喜爱也亘古未变。然而，在工业革命之后，人类的劳动力发生质变，现代设计的出现也彻底打破了传统珠宝市场的"平静"。随着时代车轮的前行，政治、经济格局变迁，将首饰的定义和外延逐一打破。它不再带着"光环"，仅仅是专属权贵享用的奢侈品。随着跨界艺术家的介入，加之科技材料的发展，首饰的功能也不仅限于装饰，甚至可作为表达观念的艺术载体。这一系列的巨变均集中于短短的一百年。因此，对于首饰和设计而言，20世纪可谓其变革及发展历程中最为重要的篇章。

20世纪珠宝的历史是怎样的？有哪些艺术家和设计师？珠宝是富有创意的设计，还是循规蹈矩的产品？它们是珠宝商的手工艺品，还是金匠们的艺术品？是流行的某些宝石，还是与时尚相关的话题？在这个动荡不安且充满争议的世纪里，珠宝首饰没有真正的历史，只有变迁。

英国著名的左派近代史大师埃里克·霍布斯鲍姆（Eric Hobsbawm）曾在他的《极端时代：短暂的20世纪》一书的序言中写道："没有人能像其他任何时代一样写出20世纪的历史。"同样，珠宝行业也无法逃脱这个世纪。

在所有陪伴我们生活和装饰身体的物品中，珠宝是最不易被变革的。即便是过去生产技术和材料发生变化，也没能真正改变珠宝的使用方式。然而20世纪这个"短世纪"催生出的技术、材料和社会形态的变革彻底冲击了珠宝商和首饰界。就某种意义而言，既从根本上改变了它的意义和形式，也改变了它的美学价值。传统而言，珠宝指的是由金属和珍贵宝石制成的物品，这种材料的珍贵程度着实代表了一条不可侵犯和不容置疑的界线。而在当代，情况截然不同，珠宝已经失去了它的"光环"，它不完全是身体的装饰物及附属品，更不是某类人群的地位象征。

20世纪，珠宝在艺术和时尚方面均有分支，如果不同时考虑这两者，就无法理解珠宝的发展。20世纪是将新的艺术、服饰与传统首饰完美融合在一起的时期，并且珠宝商担负起大部分技术、形式和语义的创新责任。

首先，就设计理念而言，20世纪初期为珠宝首饰注入了新艺术主义的灵魂，也创造了一个与珠宝产品截然不同的艺术首饰系统。在20世纪，从单一的珠宝产品到整体珠宝系统的建立，即从设计到生产、分销、广告、培训和推广一应俱全。

1900年，法国诗人泰奥菲尔·戈蒂耶（Théophile Gautier）❶曾写道："艺术与工业并驾齐驱，白色雕像与黑色机械齐头并进，绘画和珠宝一并出现在丰富的东方织物中。"他指出艺术与工业的相近性，并且很快将成为诠释珠宝的重要方式。同样不可否认的是，设计师的介入，可以有效地将首饰从艺术收藏品延伸到设计工业产品。

总之，不论我们喜欢与否，20世纪的珠宝产生于各种价值共存的基础之上，金属和宝石的珍贵性不再是决定一件物品的价值的充分必要条件。在后物质主义❷时代，材料的价值已经与设计相提并论。因此，传统珠宝、实验珠宝和时装珠宝被放在平等对待的位置上。这一系列的变化也成为当时社会、政治、艺术和经济背景下人们生活的写照。

一、1900—1918年：新艺术运动

（一）背景

20世纪始于一片祥和的氛围。1919年，维尔纳·桑巴特❸的一篇重要论文《奢侈品与资本主义》中提及，需要大力支持制作并购买奢侈品的消费观。这一观点对资本主义的蓬勃发展起到推波助澜的作用。当时还有德国的社会学家断言："奢侈品定能逐步鼓励信用和债务体系的发展，刺激不同社会阶层和群体之间经济上的交换，让人们打破稳定和封闭的社会阶层，有效地更新生活方式。"这就是新艺术主义运动诞生的时代背景，即提出要拥抱新世纪和获得更大的自由。

在经历了19世纪历史主义❹、折衷主义❺的分裂和世纪之交的时代变更之后，新艺术主义似乎代表了当时最具影响力且最伟大的国际风格，让欧洲每一个国家乃至美国都为之震撼。为何称其具有"现代性"，源于这场运动的国际性质与当时的资本主义体制在发展逻辑上是一致的，换言之，它基于经济、文化和社会交流的日趋自由化。

---

❶ 泰奥菲尔·戈蒂耶（Théophile Gautier, 1811—1873），法国唯美主义诗人、散文家和小说家。早年习画，后转而为文，以创作实践自己"为艺术而艺术"的主张，他选取精美的景或物，以语言、韵律精雕细镂，创造出一种独特的情趣。《珐琅和雕玉》（1852）正是这一风格的代表。

❷ 后物质主义（Post-materialism），是一个后现代的新理论，指一个由个体及社会所带动的持续的转变，使他们从基本的物质需要中释放出来的持续革命。"后物质主义"这个概念及相关联的"静悄悄的革命"是由政治及社会科学家罗纳德·英格尔哈特（Ronald Inglehart）于1970年代在他的著作《静悄悄的革命》（The Silent Revolution: Changing Values and Political Styles Among Western Publics）里提出的。

❸ 维尔纳·桑巴特（Werner Sombart），德国社会学家、思想家、经济学家。1888年取得柏林大学的哲学博士学位。1888~1890年，他在不来梅商会做商务代表。1890~1906年，他得到了布雷斯劳大学经济学特别教授的教职。在这里，桑巴特开始了资本主义和社会主义问题的研究，并取得了丰富的成果。

❹ 在人类学上，"历史主义"指人类或生物会适应当地的环境而作出发展。

❺ 折衷主义又写为折中主义。在西方哲学史上，声称一切哲学上的真理已为过去的哲学家所阐明，不可能再发现新的真理了，哲学的任务只在于从过去的体系中批判地选择真理。

新艺术运动的中心是比利时，当时的建筑师和艺术家们共同建立了新的视觉表达方式和语义规则：其中有机和扭曲的"鞭状"线条（图1-2）最为鲜明，还有凹凸形式、以植物形态为主要参考的造型、空间透视的东西合璧，可以看见的金属元素和巨大的玻璃表面相互结合等。不仅如此，当时的艺术家们认为这些线条会传递某种力量和能量，因此将几何线条与风、水、火等自然元素的动态运动方式建立了联系。

（二）首饰设计特征

1895年，亨利·范·德·维尔德（Henry Van De Velde）为塞缪尔·齐格弗里德·宾（Samuel Siegfried Bing）的巴黎新艺术画廊（Parisian Gallery L'Art Nouveau）设计了室内装饰品，而无可争议的新艺术珠宝主角勒内·拉利克（René Lalique）（图1-3）也参与其中。正是这种伙伴关系为法国传播新艺术主义提供了契机，法国人逐渐痴迷于新艺术主义风格，并一度达到了前所未有的狂热。塞缪尔·宾（Samuel Bing）主要收藏日本艺术品，他从日本浮世绘等艺术绘画中汲取灵感，并为新艺术主义风格提出了重要的建议，主要关于删减多余的形式。同时，他的画廊也迅速成为主要国际艺术家的聚集地，出售服装、面料、平面海报、家具用品和珠宝首饰。同年，从拉利克在享有盛誉的法国艺术家沙龙（the Salon of the Socete des Artistes Francais）展示他的绝美首饰那一刻起（图1-4），其首饰便被公认为是新艺术运动"最炽热的表达"（图1-5~图1-10）。

当时，优秀的设计师已经开始为自己打造品牌，通过分销和广告等方式销售他们的作品。当艺术与商业相遇后，"艺术家商人模式"被推广，法国很快成为新艺术运动的参照国（图1-11）。在那

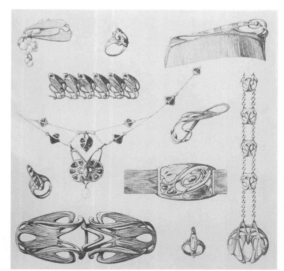

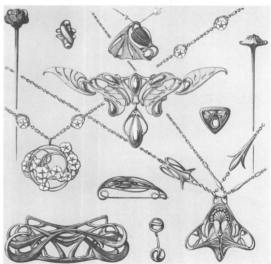

图1-2 扭曲的"鞭状"线条

图1-3 首饰艺术家勒内·拉利克（René Lalique）

图1-4　1895年法国艺术家沙龙，拉利克作品参展

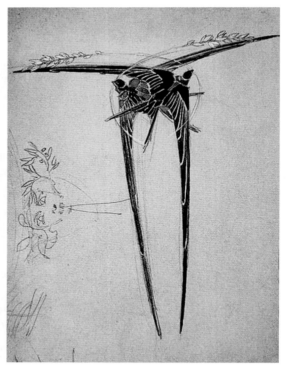

图1-5　René Lalique首饰作品手稿（一）

图1-6　René Lalique首饰作品（一）

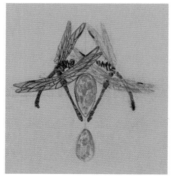

图1-7　René Lalique首饰作品手稿（二）

图1-8　René Lalique首饰作品（二）

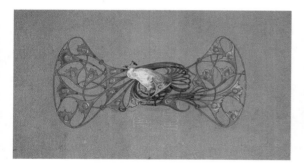

图1-9　René Lalique首饰作品手稿（三）

图1-10　René Lalique首饰作品（三）

里，艺术与手工艺大行其道，新技术试验如火如荼地开展，设计师大胆地将材料并置在更加优雅和珍贵的物品之中，珠宝商的材料和技术渗透到了与传统风格相去甚远的领域，展现出这种新艺术风格的多元性及丰富性（图1-12）。

　　新艺术派珠宝中最有力、最能唤起人们记忆的形象是女性的身体和长长的头发，反复出现的主题还包括自然元素及其变形。珠宝商和首饰设计师们的灵感来自一些极具诱惑力的图像，如慵懒的百合花（图1-13）、盛开且几乎枯萎的玫瑰花（图1-14）、花瓣起伏的鸢尾花、谦逊的蓟花（图1-15）、深色的罂粟花、纤弱透明的悬铃木种子、颗粒状坚硬的果实冷杉锥等（图1-16）。温室兰花是这个颓废和唯美主义时代的常见象征。

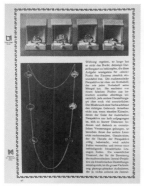

图1-11　约瑟夫·霍夫曼（Josef Hoffmann）的金戒指与科罗曼·莫塞尔（Koloman Moser）为女性定制的珐琅项链海报，1904年

图1-12　奥地利维纳工坊❶

图1-13　René Lalique首饰作品，百合花

图1-14　René Lalique首饰作品，玫瑰花

图1-15　René Lalique首饰作品，蓟花

图1-16　René Lalique首饰作品，柳栗色胸花，1904年

❶ Wiener Werkstätte（维也纳工坊）是一个成立于1903年的视觉艺术家团体，由奥地利建筑师 Josef Hoffmann 和艺术家 Koloman Moser 创办，活动时间从1903年至1932年，成员包括建筑师、艺术家、设计师等。

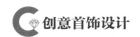
新艺术主义对珠宝设计文化最具创新性的贡献是选择不一定具有经济价值的高雅材料作为创作素材。事实上，也是有史以来第一次珠宝的价值不再是材料本身，而是来自设计（图1-17~图1-20）。珠宝商甚至在成为技术人员或商人之前以设计师自居，这显然是前所未有的新奇事。宝石和金属的珍贵性原本反映的是精英主义特权阶层的艺术观念，这种特权观念与新艺术主义恰好背道而驰。新艺术主义提倡的平等主义原则，可以追溯到威廉·莫里斯（William Morris）的工艺美术运动，该运动旨在使手工艺品高贵化，赋予卑微的手工艺品该有的尊严。然而，这一概念逐渐与现代主义生产和提升产量的大趋势相冲突，随着现代主义者越来越强调设计或形式理念的重要性，复制品的可控性也大大提高，这为设计奠定了强有力的基础。

图1-17 约瑟夫·霍夫曼（Josef Hoffmann）设计手稿和实际作品❶

图1-18 设计手稿，设计元素构成关系分析

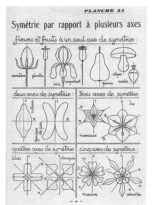

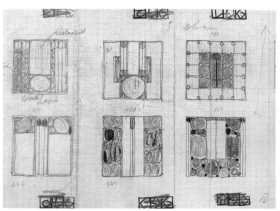

图1-19 设计手稿，设计的对称关系分析

图1-20 约瑟夫·霍夫曼（Josef Hoffmann）设计手稿，设计元素构成、色彩等关系分析及胸针作品实物

❶ 约瑟夫·霍夫曼（Josef Hoffmann）是奥地利摩拉维亚的建筑师和设计师。他是维也纳分离派的创始人之一，也是维也纳工艺组织的共同创始人。他最著名的建筑作品是布鲁塞尔的斯托克雷特宫（Stoclet Palace），是现代建筑装饰艺术和维也纳分离派建筑高峰时期的开创性作品。

由于在南非发现了大量的矿藏，导致宝石价格大幅下跌，珠宝商也逐步将镶嵌宝石的底座金属改为铂金，这种金属能使这些非凡的珠宝显得更加透亮。自1910年以来，一种朴素的线性排列的珠宝开始流行起来。引领这一潮流的是梵克雅宝（Van Cleef & Arpels）、蒂芙尼（Tiffany）以及卡地亚（Cartier）和宝诗龙（Boucheron），它很快就取代了"短暂而紧凑"的新艺术主义，确立了一种新的非凡风格——装饰艺术。

二、1919—1929年：装饰艺术

装饰艺术（Arts Décoratifs），有时也被称为"Art Deco"，是一种视觉艺术、建筑和设计风格，在第一次世界大战之前首次出现在法国的装饰艺术风格影响了建筑、家具、珠宝、时装、汽车、电影院、火车、远洋轮以及收音机和吸尘器等产品的设计。装饰艺术名字源于1925年在巴黎举行的国际现代装饰和工业艺术展览会，它结合了现代风格，使用精致的工艺和丰富的材料。在其全盛时期，装饰艺术代表着奢华、魅力、繁荣以及对社会和技术进步的信心。

（一）背景

第一次世界大战标志着灾难时代开始了，四十年来，它从一场灾难跌跌撞撞地走向另一场灾难。随着战争的爆发和1917年的俄国革命，世界各地的自由民主制度在法西斯极权主义政权的推动下消失了。战争使经济陷入困境，并造成了大规模的人员伤亡。只有美国走出了第一次世界大战的阴霾，并因此变得更加强大，这也从根本上刷新了女性的生活消费观。

战后的法国仍然牢牢掌握时尚艺术和文化的主导权，高雅风格的形成是通过长期审美的积累而非消费奢侈品得来的。电影院和杂志的流行也开启了一种新的女性模式，这与一个更有活力的社会频率一致，而不再是折磨人的紧身胸衣和衬裙。在漫长的女性解放道路上，可可·香奈儿（Coco Chanel）扮演了重要角色，从创作第一件小黑裙到配饰和香水，她把女性从服装框架中顺利地解放出来，恢复了她们的行动自由，这也意味着言论趋于自由。香奈儿设计了新女性形象，涉及每一个方面，从服装到配饰都引入了时尚的典型特征。香奈儿引入的低调艺术将成为装饰艺术精英主义最有力、最微妙的形式。

此时，"功能性"这个词的出现，似乎有意"诱惑"现代女性。因为现代女性穿衣方式不同以往，服饰的功能性成为重要的考量依据。因此，这也迫使珠宝商们降低价格。漆器、银和半宝石被纳入设计材料，这一变革不但没有减少宝石

的耀眼与美丽，反而提升了它在穿戴上的比重，大体量的首饰能更好地带来视觉冲击力。这就是为什么20世纪20年代，服装配饰流行且广受青睐。服装首饰不再被视作昂贵珠宝的廉价版本，而可以是原创作品，它们用酚醛塑料和牛奶石（Galalith）❶制成，这比粗制的人造宝石更加时髦。

"日常文化"在文明发展的进程中起到关键作用。1919年，沃尔特·格罗皮乌斯（Walter Gropius）在魏玛成立包豪斯学校，这是第一所为了培养设计人才而开设的院校，它的出现证明即使一件日常的衣服、珠宝或一块地毯也可以是现代化的。当欧洲使用应用艺术、工业艺术和装饰艺术时，"工业设计"一词在美国悄然诞生。

同样重要的是，装饰设计师、时装设计师和艺术家从非洲艺术中汲取灵感。因为非洲艺术中常有的几何图案非常类似抽象元素（图1-21），十分具有现代感。细长形、之字形、方格形、"V"形在迥异的作品中反复出现，大到建筑设计、家具用品，小到女鞋织物、服装首饰，艺术家、设计师和工匠们热衷于将这种新的视觉艺术应用到各个领域（图1-22、图1-23）。

（二）首饰设计特征

装饰艺术的主题来源于概念动态和脉动的现实，它并非具体的形象，而是表现对工作、运动或速度的某种兴奋感。这些理念在几何图案的韵律中得到充分的体现，用色上则选择清晰的对比色。装饰形象蜕变成为庄重、简单的线性形式。设计中任何纯粹为装饰而装饰的部分都被禁止了（图1-24、图1-25）。

图1-21　Art Deco风格图案

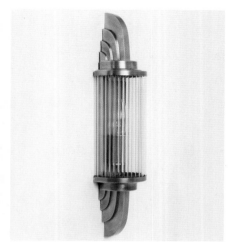

图1-22　Art Deco风格灯具

❶ 1898年，威廉·克里什（Wilhelm Krische）拥有一家生产历史书籍的工厂和一家石印店，他为第一批塑料制品申请了专利。但他不知道，三十年后，可可·香奈儿会利用克里什开发的"牛奶石"，使它在人造珠宝行业取得了最后的突破。

图1-23　Art Deco风格建筑铜门

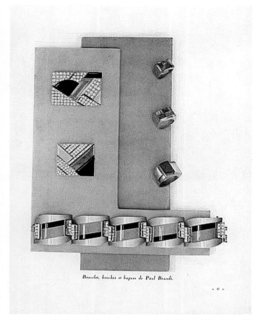

图1-24　保罗·勃兰特（Paul Brandt）设计的装饰艺术风格
手镯戒指胸针，1929年

图1-25　法国杂志上刊登的精品(Vintage)广告和时尚插图

　　这些也反映在图案的变化上，约1925年，装饰图案变得越来越几何化，本质上是基于对比色（主要是黑、红、白色）彼此相邻区域的平面构成关系（图1-26）。随着新艺术主义中的梦幻柔美感和可塑性被丢弃，装饰主义风格的珠宝整体给人以严肃整洁之感。

　　在首饰设计的用色上，人们重新对明亮的色彩和宝石产生了浓厚兴趣，这些宝石的使用是为了填补战争时期色彩的匮乏，通常搭配一些半宝石。经总结发现三种截然不同的用色趋势：爱德华七世时期的白色宝石，搭配铂金镶嵌的法式切形钻石；几何黑白图案（图1-27、图1-28）；卡地亚多彩什锦水果（图1-29）。从造型上讲，装饰主义时期的珠宝体量上是轻盈且精致的，造型上以二维为主，

图1-26 白金、明亮切割钻石、黑色珐琅和珊瑚制成的胸针，由雷蒙德·坦皮耶（Raymond Templier）制造，巴黎，大约1930年

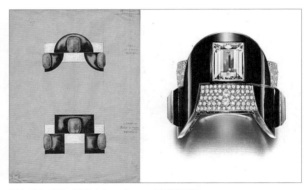

图1-27 吉恩·富凯（Jean Fouquet）首饰设计

图1-28 黑玛瑙钻石夹，1930年，法国

图1-29 卡地亚多彩什锦水果胸针

有雕饰的细节，由钻石和珍珠制成，几乎均镶嵌在铂金上。

　　装饰艺术的视觉感受通常是风格化的，强调形式感。特别是动物形象，与新艺术主义相比，更强调风格和构成感。装饰艺术中较受欢迎的动物之一是鸟类，它们的造型能很好地适应几何切割的石头。在战争结束后的几年里，卡地亚的设计师们从当时非常流行的黑豹中找到了灵感，用缟玛瑙和钻石制作了抽象的设计。卡地亚的设计师彻底改变了这一造型，以印度传统的海怪为原型，并将其用于手镯的设计上，手镯的末端是一对张开大口的奇美拉❶双头（图1-30）。从动物世界

---

❶ 奇美拉（Chimera），是古希腊神话中的怪物，本义是希腊语"母山羊"，最早出现在《荷马史诗》中，而在《神谱》中它被认为是地母盖亚（Gaia /Gaea）和冥渊神塔尔塔洛斯（Τάρταρος, Tartarus）的孩子。它拥有狮子的头，山羊的身躯和一条蟒蛇的尾巴。它在呼吸时吐出的都是火焰，最后被杀死。

到植物世界，细长的新艺术派花卉也融入了新的风格（图1-31）。非洲艺术以立体主义为中介，产生了几何体量的新结构，具有程式化的装饰图案和对称的形状（图1-32）。

从款式上讲，垂直线条的运用变得更重要，包括配有精致吊坠的长项链和耳坠，适合短发发型（图1-33）。胸针的体量更小，图案简单且具有形式感（图1-34）。在手部的装饰上，手套被手镯代替，半刚性表带手镯是装饰艺术时期最流行的装饰类型，每个珠宝商都推出了不同版本的手镯。由于这些手链很细，人们可以同时在手腕上戴四五个。即使在20世纪20年代末，手链的设计变宽，但人们仍然保留了佩戴多个手链的习惯（图1-35）。当时的戒指大多镶有圆顶宝石（图1-36），周围配以小钻，而结婚戒指则由铂金制成。

图1-30　珊瑚、玛瑙、蓝宝石和钻石手镯，梵克雅宝

图1-31　卡地亚猎豹胸针设计

图1-32　卡地亚胸针设计

图1-33　长项链和耳坠

图1-34　体量感小的胸针

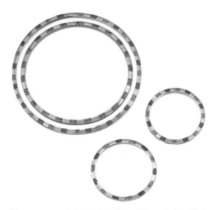

图1-35　一套长颈鹿项链和手镯，由让·杜南（Jean Dunand）在1927年左右设计，珠宝配以蓝色和黑色漆，模拟绿松石的外观

图1-36　Art Deco风格戒指

三、1929—1946年：国际风格

（一）背景

1929年10月24日道琼斯指数暴跌200点，成千上万的投资者破产，这是一场灾难性的全球经济衰退的开始。大萧条标志着装饰艺术的衰落。奢侈品消费额急转直下，所有东西都不得不缩减规模。对奢侈附加装饰的厌恶之情逐渐演变成对装饰艺术及其产品的公开敌意。而现代运动的根本原则——形式与功能的对应重新受到了人们的推崇。对工业艺术的定义也恰好反映出当时对新的客观性的要求，成为设计中优先考虑的事项，这自然触发了艺术家们在工业生产中对自身角色的重新审视。

以理性主义为主的现代主义运动与美国的弗兰克·劳埃德·赖特（Frank Lloyd Wright）❶和欧洲的阿尔瓦·阿尔托（Alvar Aalto）❷的有机美学并存，因而这两种美学被吸收为国际风格。国际风格标志着现代运动在世界上的胜利，是形式和功能、技术和美学、艺术和科学的统一。将美从功能主义❸的道德制裁中释放出来，使物体形式方面更接近工业制造文化，这是唯一能够诠释当时时代精神的东西。

20世纪30年代初，美国进入大萧条时期后，经济陷入瘫痪状态。各个公司开始相互削价，一些有先见之明的制造商急忙采取行动，他们认识到若要解决价格战带来的利润缩减问题，就必须改善产品，以更好的品质回馈消费者。同时，美观成为区分产品差异的标识，这促使工业设计加快发展。然而，当时的欧洲正受到极权主义政权带来的影响，迫使工业设计在美国得到蓬勃发展。

现代性意味着必须放弃装饰，与时尚相比，经济衰退、功能主义的主流化和以技术为重等外部境况对珠宝首饰发展的冲击非常大。

（二）首饰设计特征

当代珠宝首饰必须符合时代的特征，它需要强调空间和结构、强光、开放形式、可运动且拥有能够浮动的结构。

随着1929年经济大崩盘，珠宝不仅失去了最好的顾客，也失去了艺术作品的

---

❶ 弗兰克·劳埃德·赖特（Frank Lloyd Wright，1867—1959），工艺美术运动（The Arts & Crafts Movement）美国派的主要代表人物，美国艺术文学院成员。美国的最伟大的建筑师之一，在世界上享有盛誉。

❷ 阿尔瓦·阿尔托（Alvar Aalto, 1898—1976），芬兰现代建筑师，人情化建筑理论的倡导者，同时也是一位设计大师及艺术家。1947年获美国普林斯顿大学名誉美术博士学位，1955年当选芬兰科学院院士。1957年获英国皇家建筑师学会金质奖章，1963年获美国建筑师学会金质奖章。

❸ 20世纪20年代，现代设计领域的一个重要派别——现代主义设计最终形成。现代主义是主张设计要适应现代大工业生产和生活需要，以讲求设计功能、技术和经济效益为特征的学派。其最重要的理念便是功能主义。功能主义就是要在设计中注重产品的功能性与实用性，即任何设计都必须保障产品功能及其用途的充分体现，其次才是产品的审美感觉。简而言之，功能主义就是功能至上。

"光环"。经济的崩溃导致材料价值意外回归。与此同时，从首饰的造型和形式角度来看，绝对几何结构的断裂正在发生，曲线、圆圈、卷轴、螺旋和不对称设计开始回归（图1-37）。首饰的造型变得圆润，更为华丽，体积感也增加了。同时，纯粹的几何图形被花卉图形取代（图1-38）。

由于战时的供给短缺，白金属变得弥足珍贵，只用于制作最精美的珠宝首饰，而黄金则用于制作中间等级的珠宝。1937年，黄金在巴黎现代生活艺术与技术博览会上被奉为圣。这种审美的改变不仅是由时代交替带来的外在驱动的，也是经济环境和铂金短缺所致。从技术层面而言，新技术的研发目的是使黄金易于"着色"，更好地适应以黄金为主的消费市场。

在这近20年间，首饰的类型根据当时的习俗与不同细分后的市场保持一致：高端定制珠宝面向精英客户群，黄金面向广大市场，而服装配饰面向大众市场。最后还有艺术珠宝，覆盖每个市场，首饰的分类可谓在20世纪60年代找到了自己的定位。

就定制首饰的设计风格而言，当时的国际风格并没有达到高级艺术风格的高度，因此，首饰的设计样式仍然频繁地选用动物素材，以及在丰富的装饰性元素之间徘徊。这也导致"什锦水果"中多种色调和装饰主义时期的几何构图等大量的主题一直到20世纪50年代才被明确定义。在第二次世界大战后，新的主题逐渐被引入，如1945年的"雪花"主题、"海洋"主题等。海浪和贝壳，以及黄金和白金的流星也出现在首饰设计中。

梵克雅宝公司第一个成功的"芭蕾舞女演员"（图1-39）片段是在1945年制作的，在随后的几年里，从苍头燕雀到鹦鹉再到极乐鸟，各种鸟类（图1-40）都变得非常受欢迎。

技术和类型的创新体现在梵克雅宝的宝石隐秘镶嵌法（图1-41）和其他品牌中出现的可拆分首饰设计。

值得一提的是，美国的首饰设计完美地实现了体现国际风格的愿望。当时，受好莱坞电影文化和普罗维登

图1-37 一对海蓝宝石、钻石和蓝宝石耳环，蒂芙尼，1939—1942年

图1-38 20世纪40年代最流行的珠宝风格和珠宝趋势：胶木、水果、鲜花形象，镀金围嘴项链、镯子和珍珠材质

图1-39 芭蕾舞女演员，梵克雅宝，1945年

斯地区非凡的制造能力以及偶然的经济条件的影响，服装珠宝很快成为美国风格的完整表达。另外，对美好生活的追求，鼓励了众多女性。她们开始跟随电影明星的穿戴。好莱坞不仅推出了人造珠宝，还为高级珠宝定制提供了新的动力（图1-42）。在20世纪40年代，好莱坞及明星决定了时尚的潮流（图1-43）。

1946年，纽约现代艺术博物馆举办了一场名为"现代珠宝设计"的展览，展出了多位新兴首饰艺术家的作品（图1-44）。功能纯粹、机械几何和严格的体积

图1-40　鸟，梵克雅宝

图1-41　宝石隐秘镶嵌法

图1-42　20世纪40年代流行的珠宝风格、历史和趋势

图1-43　在经济困难时期，每个人都需要一点浮华和魅力，旧金山的一个流行展览展示了法国珠宝商卡地亚为美国超级富豪制作的"小饰品"，包括范德比尔特（Cornelius Vanderbilt）夫妇、阿斯特（Astor）夫妇，以及后来的丽兹·伊丽莎白泰勒（Liz the Elizabeth Taylor）和格蕾丝·凯利（Grace Kelly）

测量使珠宝成为现代主义典范。任何金属铁匠只需要掌握金属加工的基本方式，手工制作或直接锻造的设计方式再度成为现代主义首饰艺术家的创作方式。事实上，他们不需要再回到过去，但像部落里的金属工匠一样工作，目的是以技术为内容来创作个人的作品（图1-45）。

诗人奥斯卡·王尔德❶曾写道："唯一能安慰一个人贫穷的是奢侈。"人们或许就能理解，为什么这个历史上最不快乐的时期，会充斥着浮华和虚假的光彩。

图1-44 20世纪中叶美国雕刻家和设计师哈里·贝尔托亚（Harry Bertoia）的珠宝设计

四、1947—1967年：从新面貌到流行

（一）背景

现代主义在意识形态层面严格暴露出它的弱点，20世纪50年代的"经济奇迹"（英国《金融时报》1959年的定义）产生了一种疯狂的消费欲望。

工业重组和美国自由贸易的开始，奠定了大众文化福祉的基础。受战争打击最严重的国家试图在全球商业领域再次占据应有的位置，同时重建带来了艺术、时尚和设计的复兴，这成为新社会最为突出的表现。例如，在美国，它是以工业设计形式发展起来的，但在意大利，它是关乎文化和生活方式的系列化设计。

世界经济再次回暖，西方重拾幸福社会生活的乐趣。剧院重新开放，派对和舞会又回来了，娱乐项目更丰富。这也是玛丽莲·梦露（Marilyn Monroe）、猫王埃尔维斯·普雷斯利（Elvis Presley）和垮掉的一代产生的时代背景。

随后是颠覆性的20世纪60年代，这注定要打破前十年的和平。那是一个"摇摆伦敦"（Swinging London）、玛丽·匡特（Mary Quant）的超短裙、"在路上"（On the Road）文化、青年摇滚、消费主义流行的时代。摇摆不定的20世纪60年代是一个重大政治、社会和文化革命的时

图1-45 亚历山大·考尔德（Alexander Calder）首饰作品，纽约

---

❶ 奥斯卡·王尔德（Oscar Wilde，1854—1900），出生于爱尔兰都柏林，19世纪英国最伟大的作家与艺术家之一，以其剧作、诗歌、童话和小说闻名，唯美主义代表人物，19世纪80年代美学运动的主力和90年代颓废派运动的先驱。

期。种族、世代、阶级、性别、社会和政治之间的关系永远改变了，变得更加开放、宽容和多元化。艺术、文学和音乐有了深刻的创新，产生新的表现形式。电视给人们的家庭带来了新的思想和新的生活方式。同时，奢侈品重新成为资本主义发展的一个因素和现代化的推动力。在这一时期，艺术和建筑的影响力都远不及时尚界（图1-46、图1-47）。

（二）首饰设计特征

珠宝首饰顺从女装设计的要求，已明显成为一种配饰。然而，这并不代表其放弃了高贵的品质，只追求一时的时髦，也并未降低首饰的艺术价值，这只是制造业对大众消费需求的回应。大众消费自过去至现在都与艺术精英阶层有着明显差异，传统珠宝更像是设计师们对艺术精英界的大胆回应。在这一过程中，传统珠宝扮演了重要的角色，它们炫耀的是其设计而不是制作材料。虽然人造珠宝确实没有继续发展创新，也从未完全放弃复兴"高级"参考的尝试，但不可否认的是，它从"外观到使用"的演变完全受到了材料方面技术创新的极大影响。1954年，诺贝尔奖得主朱利奥·纳塔（Giulio Natta）发明了第一个聚丙烯纤维，美国物理学家珀西·布里奇曼（Percy Bridgman）于1955年发现假钻石，从此塑料被引入首饰设计。这些新材料广泛用于生产符合新时尚潮流的珠宝与时尚配饰。

图1-46　20世纪60年代女性穿着

20世纪60年代，社会秩序发生了根本性的变化，妇女在社会中的角色也发生了根本性的变化。女性变成了不知疲倦的工作者，她们是完美的家庭主妇，需要具备多种用途的礼服。珠宝的款式变得越来越大并且有着强烈的视觉冲击力，对于造型越发夸张的追求也意味着创新和改变（图1-48），代表这十年间设计的内在驱动力。由于首饰的成本日益降低，价格随之下降，因而逐渐成为容易被随意丢弃的饰品（图1-49）。

西蒙娜·德·波伏娃（Simone de Beauvoir）写道："珠宝的传统作用是将女性转变为偶像。"传统珠宝首饰也遵循了日间礼服和晚装的风格演变，配饰等也包括在内。

从设计主题而言，当时倾向于自然主义主题，新技术使设计出的款式更加轻盈和复杂。尤其是梵克雅宝的冬青叶子（图1-50）成为代表作品。

图1-47　女性解放运动

颜色与有机形式一起，均代表了20世纪五六十年代珠宝生产的共同特征。在当时的首饰界，尤其在法国，一切首饰仿佛都变成了一个闪烁的万花筒。设计中加入了硕大的黄水晶、海蓝宝石、绿松石、珊瑚、紫水晶和人造红宝石等。在珍贵的珠宝中，色彩也变得多样化。

从设计内容而言，20世纪五六十年代，美国在传统珠宝和服装珠宝方面都处于领先地位，当时把宠物描绘成装饰品成为一种时尚。此时流行的另一种形态是花饰，尤其是紫罗兰花饰，这种花在整个20世纪都象征着忠诚（图1-51）。

图1-48　米里亚姆（Miriam Haskell）设计稿

图1-49　米里亚姆（Miriam Haskell）设计的珊瑚胸针耳环，1950年，人造珊瑚、玻璃，美国制造

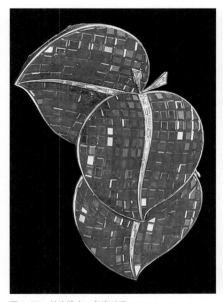

图1-50　梵克雅宝，冬青叶子

图1-51　梵克雅宝首饰设计稿，1960年

图 1-52　1963年乔治·布拉克（Georges Braque）切割钻石珐琅和黄金"三恩"胸针

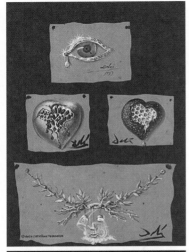

图 1-53　时间之眼，萨尔瓦多·达利（Salvador Dali），1949年

在欧洲，专业机构以及艺术家们对珠宝的兴趣日益增长，而这些都为首饰领域开展新研究提供了良好的条件。一些城市成为当代珠宝的主要推广中心，这主要归功于学校和学院的倾力支持。普福尔茨海姆的法国艺术学院，慕尼黑的比尔登学院（Künste），英国中央圣马丁艺术学院，伦敦的中央工艺美术学院和皇家艺术学院，阿姆斯特丹的格里特·里特韦尔德学院和巴塞罗那的埃斯科拉·马萨纳点院校，成为培养当代首饰艺术人才的摇篮。

1961年，在英国伦敦举办的"1890—1961年国际现代珠宝展"，是由首饰公司与维多利亚和阿尔伯特博物馆合作举办的，这也是自第二次世界大战以来首次举办的现代珠宝展。年轻人设计的珠宝证明了这个领域正在发生全新的变化（图1-52、图1-53）。

五、1968—1978年：从激进到全球化

（一）背景

20世纪70年代是艰难转型的十年，它见证了改变世界的乌托邦理想❶，60年代关于和平示威的主题均化为乌有。在这十年里，战争、政变接连发生。而人类对科技的狂热也在1969年人类登月时达到了顶峰，年轻人则肩负起建设新社会的重担。

伦敦成为音乐和时尚的中心，意大利则成为设计中心。保守派不再决定时尚。嬉皮士❷和花童❸被摇滚、朋克、地下文化取代，长裙被紧身皮裤取代，花饰则被钉饰取代。各种艺术形式的探索都紧密结合了身体本身，衣服成了一个调色板，在上面可以试验最大胆的图案和颜色，以及与织物的组合，其中不乏光学艺术带来的新纹理。

❶ 乌托邦是人类思想意识中最美好的社会，如同西方早期"空想社会主义"。法国的哲学家路易·勃朗（Louis Blanc）提出的空想社会主义社会：美好、人人平等、没有压迫，就像世外桃源，乌托邦式的爱情也是美好至极的。乌托邦主义是社会理论的一种，它试图借由将若干可欲的价值和实践呈现于一个理想的国家或社会，从而促成这些价值和实践。

❷ 嬉皮士（英语Hippie或Hippy的音译），本来被用来描写西方国家20世纪六七十年代反抗习俗和当时政治的年轻人。嬉皮士这个名称是通过《旧金山纪事》的记者赫柏·凯恩普及的。嬉皮士不是一个统一的文化运动，它没有宣言或领导人物。嬉皮士用公社式的和流浪的生活方式来反映他们对民族主义和越南战争的反对，他们提倡非传统的宗教文化，批评西方国家中层阶级的价值观。

❸ 花童，20世纪60年代美国旧金山嬉皮运动的参与者们自称"Flower People"或"Flower Children"，即所谓花童。这些人是典型的和平主义者，他们以无暴力的抗议活动进行反战，在抗议中没有暴力，总是沉默。面对武装的警察，他们从不让步，他们向警察出示花朵，但遭到残酷的镇压，直到花卉碎垃。大家熟悉的西蒙和加芬克尔（Simon & Carfunkel）当时也是嬉皮士的一员，他们的歌《寂静之声》（Sound of silence）唱的便是这种人心的隔膜。

时尚界将迷你裙和靴子作为设计焦点进行穿搭。此时的靴子不再是雨天穿的鞋，而是通过合成材料（如乙烯基）的使用，制造出更多的形状、颜色和长度。尼龙紧身衣成为时尚必需品，其色彩鲜艳、图案夸张。高级时装也只能适应当时的时代精神，在空间探索前卫的氛围的影响下，一种视觉冲击力强，并且结合了艺术与科学、过去与未来的风格呈现于世。

造型师们从宇航员身上汲取设计灵感，设计出"建筑服装"，这些服装是几何、模块化的，具有明显的结构特征，是由塑料、钢铁和镜面玻璃等材料制成，通过螺栓缝合和焊接连接在一起，以表达对技术进步的敬意。

（二）首饰设计特征

20世纪60年代的珠宝所传递的信息就是通过使用替代材料来拒绝奢侈，并重新审视与身体的关系，这是艺术的发展趋势。

1971年，普福尔茨海姆的教授写了一本书《珠宝艺术见证我们的年龄》，他证明了艺术首饰的起源及其影响力。在观念、材料与技术上的突破，使前卫珠宝在20世纪下半叶享有盛名，这些无疑源自造型艺术家们的纷纷涌入。

首先是在珠宝设计领域的雕刻家们，他们视角独特且大胆引进新的制作方法。然而，同样不容置疑的是，在20世纪的最后二十年里，受过雕刻训练的艺术家们在首饰领域悄然确立了自己的地位。只是他们的首饰创作是前卫性的实验，将自己从单纯的首饰设计制作的本意中分离开来，他们更注重作品的声望，而不仅是形式及材料上的创新。在设计形式上，手镯、金项链、由半宝石或玻璃制成的黑白珠子、耳环、由玻璃或浆料制成的钻石形状和吊坠胸针显得脱离常态。

同时，在时尚界，设计师们越来越多地从服装设计转向了配饰设计。这一时期倡导整体造型，设计师们在寻找一种能适应衣服、配饰、家具和织物的共同风格。与过去相比，艺术与珠宝的结合不再那么随意和散乱，同时这个时期也鼓励了各种艺术体验的交流。

这十年里另一个非常流行的元素便是珐琅，因为它激发了色彩鲜艳的珠宝的生产。鸵鸟羽毛和新的施华洛世奇"宝塔"切割，使石头可以颠倒使用。在首饰设计的理念中，艺术的影响力贯穿始终，通过波普艺术、抽象艺术和光学艺术均被表现出来。

毫无疑问，这是专属于艺术珠宝和实验珠宝的十年，是那些挑战材料的丰富性和珍贵性以及珠宝的社会象征意义的十年，使它成为一种与制造逻辑和市场需求无关的研究或实验形式。超现实主义、运动艺术、非正式艺术和波普艺术的实验，对珠宝行业产生了显著的影响，这些潮流的许多主要代表艺术家创作了具有代表性的

图1-54 Gijs Bakker和Emmy Van Leersum，1967年时装秀

图1-55 《Emmy Van Leersum侧面装饰》，不锈钢，1974年

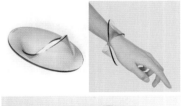

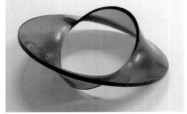

图1-56 Gijs Bakker，《圆圈中的手镯》，1967年创作，于1989年重新制作

首饰。它们基本上是一种偶发的实验，是一种可以用来强化艺术意识形态的宣言。

荷兰学派在这一时期发挥了主导作用，以汉斯·巴克（Gijs Bakker）（图1-54）和埃米·范·莱苏姆（Emmy Van Leersum）（图1-55）夫妇的"可穿戴的雕塑"为代表。Gijs Bakker作为代表性艺术家，其作品标志着当代珠宝时代的开始。他对设计原则的重新构建对于荷兰设计的成功有着重要作用，尤其在关注珠宝与佩戴主体之间的关系部分。1969年，阿姆斯特丹展览的题目是"可穿戴的物品"，这次展览也意味着在荷兰艺术的整体图景中，珠宝制作这一在过去属于应用艺术范畴的活动占据了特殊的地位。

才华横溢的Gijs Bakker很早就设计出抽象而纯粹的线条（图1-56），他将金银锻造成全新形式的技巧，展示出他对构造元素的高度兴趣。同时，Bakker很快抛弃了传统，选择了（如铝、钢、铬、木材、皮革、亚麻布、棉花、PVC、纸等）替代材料，并构成了不同寻常的形状。Bakker认为："首饰就像衣服一样，它最接近我们的身体，并能反映佩戴者的内在信息。一幅画挂在墙上，可以忽略不计，而佩戴一件首饰可以给人留下深刻的印象"（图1-57）。

他本人对设计的兴趣，被理解为一个过程，而不是一味参考某种风格，这使他成为那个时期最有趣且极富创意的设计师之一。他的设计方法让人们注意到工业设计的过程。1978年，他说道："当设计首饰时，我总是把工业设计的过程记在心里。我从未对手工制品感兴趣，事实上，我对它的魅力心存怀疑。重要的是理念，无论它是由我还是机器创造的，任何东西都不能影响理念。"

这一时期他的首饰作品还包括镶有照片、鲜花（图1-58）或金叶的大透明塑料项圈。形式上以脖子和肩膀为整体装饰（图1-59），设计的首饰概念源自将首饰与身体融为一体。

虽然Emmy Van Leersum的作品包含了类似于雕塑的东西和非凡的优雅形式，但Gijs Bakker的作品在展示材料的新方法和珠宝的概念方面是具有轰动性的（图1-60、图1-61）。正如他在1969年所写的那样，"对我来说，创造的过程等同于研究，形式应该被创造出来，但它应该作为研究的结果自然地出现。毕竟，

图 1-57 Bakker和Emmy Van Leersum的《服装建议》不仅仅是一个形式的实验，它还对服装现象进行了批判性的评论。聚酯、尼龙、软木、塑料、木材，1970年

图 1-58 Gijs Bakker《露珠项链》，彩色照片，PVC，1982年

图 1-59 Gijs Bakker《拥抱项链》，黑白照片，PVC，1982年

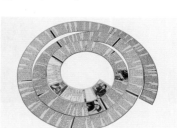

图 1-60 Gijs Bakker《报纸项链》，报纸，PVC，1986年

图 1-61 Gijs Bakker《风帆胸针》，750黄金、报纸、PVC，1988年

形式只是一个想法的包装。"

在美国，珠宝设计中出现传统和实验性质相结合的艺术首饰。蒂芙尼再次展示了精明的商业头脑，委托设计师艾尔莎·佩雷蒂（Elsa Peretti）设计的珠宝既正式又优雅简洁，成为当时文化的象征（图1-62）。罗伯特·李·莫里斯（Robert Lee Morris）成为最有影响力的美国设计师之一，并倡导珠宝首饰的灵感来自自然物体，如木材和石头、古代护身符、凯尔特十字架和非洲部落手工制品。他的设计非常独特，作品通常没有宝石，但有机和雕塑般的线条显得整体干净，既大胆又优雅（图1-63）。

德国学派以普福尔茨海姆为中心，因其珠宝工业而闻名于世。莱因霍尔德·赖林（Reinhold Reiling）❶的作品是最有趣的作品之一，它们高度模仿当代潮流的几何形状。然后是弗里德里希·贝克尔（Friedrich Becker）的作品，他的运动首饰优雅地诠释了机器的美学，对贝克尔来说，移动意味着技术，而技术精湛是巧妙构造的结果（图1-64）。作为航空工程师训练的一部分，贝克尔曾研究过这种机器。

在北欧的首饰设计中，挪威的维格兰（Tone Vigeland）成功地恢复了维京人使用钢来锤锻银的传统，使其以出人意料的轻盈和优雅得以创新（图1-65）。首

---

❶ 莱因霍尔德·赖林（Reinhold Reiling）是德国现代珠宝艺术的先驱之一。他作为德国普福尔茨海姆工艺美术学院（Pforzheim University of Applied Sciences）的教授，影响了几代珠宝设计师。

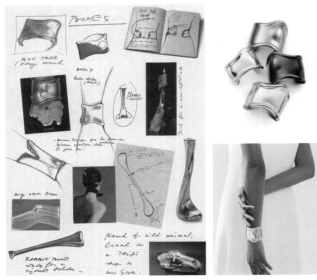

图1-62 艾尔莎·佩雷蒂（Elsa Peretti）的现代珠宝创作以其性感、有机的形式而闻名，适合每天佩戴。这是一款可以完成所有外观的随身旅行配饰

图1-63 Robert Lee Morris 的首饰设计作品

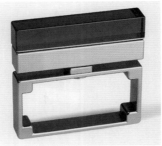

图1-64 弗里德里希·贝克尔（Friedrich Becker）不锈钢和合成石材，不锈钢，合成红色，1987年

图1-65 颈片，维格兰（Tone Vigeland），钢，黄金，内径120毫米，外径240毫米，1985年

饰艺术家维格兰1938年出生于奥斯陆，曾就读于奥斯陆国家艺术工艺和设计学院。他在应用艺术中心做学徒后，开设了自己的工作室，以便更好地探索雕塑和珠宝之间的关系。维格兰的设计灵感也来自身体和它的形式。20世纪70年代，维格兰开始探索能够让他制作大型首饰的技术，将普通的波纹金属（如铁）与闪闪发光的珍贵黄金相结合，产生一种非凡的表现力和形式优雅（图1-66）。

20世纪70年代，意大利已经被证明是珠宝生产的领导者。虽然它与荷兰珠宝生产的实验风格毫无共同之处，但是它仍然坚持制作出优秀的艺术珠宝。意大利比其他任何国家都更能驾驭各种艺术学科的交流，并强调它们的现代化和创新性（图1-67）。值得一提的是，1967年由詹卡洛·蒙特贝洛（GianCarlo Montebello）❶

---

❶ 詹卡洛·蒙特贝洛（GianCarlo Montebello），1941年3月15日出生在意大利米兰，在斯福尔扎城堡艺术学校上学、生活和工作。1967年，与特蕾莎·波莫多罗（Teresa Pomodoro）合作，开了一家金匠店，专门与艺术家合作。后来创立了GEM，专门制作艺术家珠宝。

（图1-68）和特蕾莎·波莫多罗（Teresa Pomodoro）创立的吉姆·蒙特贝洛（GEM Montebello）更为成功，他们意识到世界的开放，专注于国际艺术家和发行。他们的目标是将设计的可重现性应用到珠宝艺术中，特别是从艺术家的草图中制作出精美的复制品，让更多的公众而不是对收藏家的作品感兴趣的有限的公众可以看到。

西班牙造型师帕科·拉巴尼（Paco Rabanne）受中世纪锁子甲（图1-69）的启发，提出了"身体首饰"的想法，把首饰变成了高级定制的服装（图1-70）。他创作出了第一个"反珠宝"系列，这些系列由闪亮的塑料制成。他的珠宝有方形、圆形和螺旋形（图1-71），但完全没有经济价值。他想创造一些完全疯狂和狂野的东西，这将构成一个与过去规则的彻底突破，他认为"女性也想要改变来拒绝过去的传统，她们的首饰必须符合新的审美。"他的首饰对当时的时尚产业产生了强大的影响，以至于至今其首饰在珠宝界仍然被不断模仿。

在这十年间，正如人们诗意般描述的那般："首饰，渴望在黄金、男性和女性、自然和人工、过去和现在的净化漩涡中，重新建立精神和物质结合之间的联系。"

图1-66　项链设计，维格兰（Tone Vigeland），钢、金、银、珍珠母。它是产品设计和装饰艺术系列的一部分，1983年

图1-67　项链设计，詹卡洛·蒙特贝洛（GianCarlo Montebello），不锈钢，化学切割工艺，树脂漆各种颜色，接缝采用黄色和金色

图1-68　手镯设计，詹卡洛·蒙特贝洛（GianCarlo Montebello），不锈钢，纽扣采用黄金制成

图1-69　锁子甲原型

图1-70　帕科·拉巴尼（Paco Rabanne）设计的"身体首饰"

图1-71　帕科·拉巴尼（Paco Rabanne）金属链子，1965年，伦敦大卫·吉尔画廊收藏

六、1979年至今：从唯物主义到3D打印

（一）背景

20世纪80年代是雅皮士❶、疯狂消费、健身热潮、迪斯科和流行明星、造型师和顶级模特以及品牌迅速出现的十年。从设计的视角来看，一方面是风格谨慎，另一方面也有富裕和奢侈的迹象。艺术和历史取代了电影，再次成为时尚的灵感元素。在此之前，电影一直是时尚的主要参考来源。

20世纪80年代的奢侈品消费飙升，标志着品牌附加价值的产生。通过精明的营销和品牌延伸策略，对"设计师"商品的狂热扩展到了所有产品类别，开启了奢侈品"民主化"的进程。随后，人类不断经历了各种事件的冲击，1987年纽约股票交易所崩溃、1989年柏林墙被拆除、1991年海湾战争爆发、2001年纽约世贸中心被袭击和伊拉克战争等，种种不确定的灾难性事件激发了人们对灵性等价值的探讨与回归。自20世纪90年代起，简朴和严格的极简主义风格开启，直到新千年来临，极简主义、低调仍然是富裕阶层生活方式和美学的一些最坚实的支柱。

（二）首饰设计特征

自20世纪80年代对标志的痴迷到90年代的广告轰炸，珠宝品牌与时尚品牌合并成为"品牌"，选择全球市场作为全新的舞台。随着市场营销的引入，新的领域被打开。事实上，珠宝的单一性开始受到挑战，取而代之的是设计的多样性，这是当代珠宝首饰的主要特征。

在过去的二十年里，美国纽约一直是珠宝设计的主要中心。在这里，许多设计师重新诠释过去，以创造适合新千年的珠宝。在这一时期，法国大型珠宝公司如卡地亚、梵克雅宝等与历峰集团合并，成为生产高级珠宝的最大控股公司。

在英国，有许多机构参与推广当代首饰设计，如皇家艺术学院和中央圣马丁艺术学院、伯明翰城市大学等。这些学校是一个教育体系，其中包含众多致力珠宝行业的部门，这也确保了训练有素的珠宝设计师们源源不断地输出。

在英国艺术圈的主要人物中，大卫·沃特金斯（David Watkins）❷占据了一个突出的位置，他在1984—2006年担任皇家艺术学院（Royal College of Art）珠宝系的系主任。沃特金斯带领英国人尝试了一些非传统的材料，或者与珠宝领域不太相符

---

❶ 雅皮士，是指西方国家中年轻能干、有上进心的一类人，他们一般受过高等教育，具有较高的知识水平和技能，雅皮士风貌（yuppie look）兴起于20世纪80年代。也有人把"雅皮士"称为"优皮士"。他们的着装、消费行为及生活方式等带有较明显的群体特征，但他们并无明确的组织性。

❷ 大卫·沃特金斯（David Watkins），自20世纪60年代以来一直设计和制作珠宝，并以其对材料和技术的实验性方法而闻名。1984—2007年，他担任英国皇家艺术学院珠宝系教授和系主任。他还是一名珠宝商和雕刻家。

的材料（图1-72~图1-74）。由于他的想法和地位，广泛的材料被引入，如创造性地使用塑料、亚克力与精细加工的贵金属，20世纪90年代末，他和温迪·拉姆肖（Wendy Ramshaw）❶用它制作了一个强大的系列（图1-75）。正如他自己解释的那样："我探索新技术、工艺和材料的潜力，以促进珠宝工艺品的审美和形式发展。"

彼得·张（Peter Chang）所设计的绝妙的珠宝也从材料中汲取了表现力：丙烯、聚酯树脂和PVC在他的珠宝中创造了千变万化的奇妙形式，象征着流动的现代性。彼得·张是为数不多的能让塑料等劣质材料变得珍贵的人之一。他的作品是独特的（图1-76），巧妙地结合了雕塑和珠宝。他对品牌不感兴趣，他说："我创作的作品既可以是雕塑，也可以是首饰。每个人都会有不同的反应，我喜欢这一点（图1-77）。"

在西班牙，巴塞罗那，阿马多尔·贝尔托默（Amador Bertomeu）和里奥·卡巴莱罗（Leo Caballero）创立了Klimt02（图1-78），这是一个推广和提升当代珠宝趣味的网络平台。

21世纪，被称为"访问"的时代，艺术和首饰设计开始相互融合，统称为"art design 艺术设计"。它强调不可复制性，私人定制和限量版成为热门，这也从根本上改变了分销体系和珠宝商的角色。数字工匠们使用新的制造技术，同时成为企业家和创意人员，并可以单独在线把控整个生产过程，这些明显节省了时间和人员成本。技术正在塑造一个新的世界规则，对于珠宝首饰行业而言，一切

图1-72　大卫·沃特金斯（David Watkins），项链，黄铜镀金，28厘米，1988年

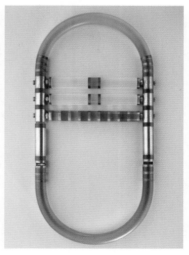

图1-73　大卫·沃特金斯（David Watkins），铰链环项链，丙烯酸，纯银，26.7厘米x13.3厘米x1.3厘米，休斯敦美术博物馆，1974年

图1-74　大卫·沃特金斯（David Watkins），《在广播中2》，黄金手镯，1999年

---

❶ 温迪·拉姆肖（Wendy Ramshaw），英国著名珠宝设计师、雕塑家，是为数不多的当代手工艺艺术家，拥有高超的技术技巧。

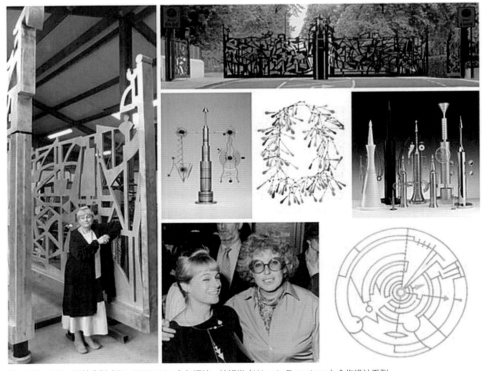

图1-75　大卫·沃特金斯（David Watkins）与温迪·拉姆肖（Wendy Ramshaw）合作设计系列

Klimt02

Discover Art Jewelry & Contemporary Crafts
from Selected Artists, Galleries and Organizations

图1-76　彼得·张（Peter Chang），素描手稿（手镯）

图1-77　彼得·张（Peter Chang），手镯，1995年

图1-78　阿马多尔·贝尔托默（Amador Bertomeu）和里奥·卡巴莱罗（Leo Caballero）创立了Klimt02

以迅雷不及掩耳之势在变化着，了解新技术及其所具备的非凡潜力是至关重要的。

21世纪的主要创新，连同新的分销模式，是3D打印和可穿戴式等新技术的引入，另外，网络平台的兴起也改变了生产、分销的流程，这些都会给未来的首饰设计带来全新的定义。5G时代的到来和网络购物的兴起已经彻底改变了我们的生活、思维方式和社交习惯。不可避免的是，从设计到生产，从销售到交流，网络无处不在，已经渗透到了珠宝行业。网络传播新的思想，一旦通过平台分享，"就会演变成更大的思想"。项目被分享，就会变成集体的项目。

全球化有利于思想和人才的传播，当代珠宝艺术的独特性表现在广泛的技术和材料、丰富的想象力和实验。传统艺术可以通过新的设计方法来延续，而不只是通过形式的反复变化。当代珠宝业需要既注重传统，又注重创新。

全球化拓宽了世界的边界，同时把亚洲的瑰宝也带到了国际舞台上。东方的珠宝装饰着非凡的、五颜六色的宝石。大约5000年前，中国人是亚洲最早制造珠宝的民族之一。中国最早的珠宝具有深远的宗教意义，它们被装饰上佛教符号，或者采用带有龙的经典符号的护身符形式，至今仍然很普遍。中国几千年的历史和文化对20世纪的珠宝产生了巨大的影响。

中国的珠宝行业相较于西方起步较晚，在20世纪80年代，随着中国改革开放的热潮，珠宝行业才开始起步。珠宝行业在近三十年的发展中，持续保持着两位数增长的速度，在2013年之前的近十年可谓整个行业的鼎盛时期。珠宝市场也从最开始的价格竞争发展到后来的品质竞争，直到现在的品牌竞争，中国珠宝行业始终在探索中寻求着发展。周大福（Chow Tai Fook）、周生生（Chow Sang Sang）、老凤祥（Lao Feng Xiang）、周大生（Chow Tai Seng）和珠宝城等最具标志性的中国珠宝公司现在也推出了既适合国人品位又适合国际客户的系列。然而，受到全球经济低迷的冲击和影响，鼎盛时期也很快过去。2014年中国国内珠宝终端消费从2013年的7000亿元降到5000亿元左右，下降近29%，2015年更是中国珠宝行业最为惨淡的一年。虽然中国珠宝行业已经有近三十年的快速发展，但是仍然存在同质化严重、缺乏设计理念、产业链不健全、市场定位不清晰等问题。

珠宝首饰的设计在我国历经了从模仿到盲目创新，再从高级模仿到自主创新等阶段。近二十年来，中国珠首饰设计在模仿中不断提高，这也促使行业发展呈螺旋式上升。目前，我国首饰设计主力是深圳、广州等主要产区中较有实力的生产加工企业。因此，生产企业的设计能力决定着国内首饰设计的普遍水平。近十年来，随着中国国际地位的日益提高，作为全世界不可否认的设计大国，中国也面临产业升级及转型的时间表，只有成为设计强国，才能引领世界潮流。因此，行业内部对于首饰设计的重视程度日益提高。

因此，在21世纪的今日，随着中国高等院校内首饰设计专业的迅速建立，以及前往欧美各大首饰设计院校进修的新生代海外留学生日渐成熟，许多首饰设计师已经能不断创作出耳目一新且具有中国文化内涵的当代艺术首饰，这些首饰也展示了当代珠宝生产的制造工艺和技术创新，以及与时尚、设计和艺术等其他学科的融合（图1-79、图1-80）。

图1-79　第四届国际首饰艺术双年展，中国上海，2018年

图1-80　2021年北京国际首饰艺术展

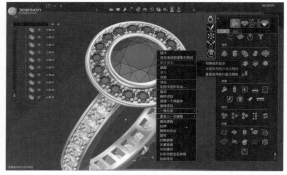

图1-81　3Design珠宝软件建模

由此可见，21世纪的首饰设计离不开独特的工艺、宝贵的技术和集体创造力。首饰设计也不再是独立的，而是相互作用和重叠的，以保持发展的多样性。在未来的场景中，艺术与珠宝的结合将不再像过去那样随机和偶然，从而使不同的艺术实践的互动更加流动。

设计学科将不再是个人才能的表达，而是成为一个集体的职业，是新技能和旧工艺之间卓有成效的联盟。通过互联网，创造、生产和销售之间的交流成为可能，从而彻底改变了设计师、生产者、分销商和消费者之间的关系。这种情况将使工匠能够直接接触消费者，但条件是他是一个数字工匠，并掌握了这些技术（图1-81、图1-82）。因此，集体创意是与创意、生产、分销和沟通过程有关的方案，它代表了珠宝行业最具创新性的观点。

随着5G时代的到来，当3D打印技术早已在各个行业里被广泛应用并发挥着举足轻重的作用时，虚拟现实（VR❶）技术也应运而生。这些技术的革新无疑给传统手工艺领域带来了产业革新。随着3D技术在后期打印输出环节的日趋成熟，产品研发成本不断下降。大量首饰设计师、设计公司、加工企业在设计研发中越发依赖电脑3D建模，相关方面的设计人才需求逐年增加。

近几年，随着虚拟现实（VR）与3D打印技术的飞速发展与紧密联结，VR头盔❷已经问世。它以其强大的功能逐渐让设计师摆脱双手的操

❶ VR是Virtual Reality的缩写，中文的意思是虚拟现实。虚拟现实是多媒体技术的终极应用形式，它是计算机软件技术、传感技术、机器人技术、人工智能及行为心理学等科学领域飞速发展的结晶。主要依赖于三维实时图形显示、三维定位跟踪、触觉及嗅觉传感技术、人工智能技术、高速计算与并行计算技术以及人的行为学研究等多项关键技术的发展。

❷ VR头盔，虚拟现实头盔，即VR头显（虚拟现实头戴式显示设备）。早期也有VR眼镜、VR头盔等称呼。VR头盔显示是一种利用头戴式显示器将人对外界的视觉、听觉封闭，引用用户产生一种身在虚拟环境中的感觉。头戴式显示器是最早的虚拟现实显示器，其显示原理是左右眼屏幕分别显示左右眼的图像，人眼获取这种带有差异的信息后在脑海中产生立体感。人们戴上立体眼镜（VR眼镜）、数据手套等特殊制作的传感设备，能够置身于一个具有三维的五感世界，同时还能与这个环境进行信息的交互。

作，可以直接作为出色且直观的设计工具应用在产品设计领域。据资料显示，毕业于美国斯坦福大学的219 Design❶的产品设计师们，以这项技术为设计工具，创建出了3D打印的机械手臂，这个手臂可通过VR硬件来操控。这也意味着，伴随虚拟现实技术的发展，有朝一日会真正实现虚拟现实，这一改变将给人类的生活带来翻天覆地的变革。人类将在不远的将来，正式步入4D虚拟世界。

自2016年起，NFT❷数字艺术这一热点词汇开始进入人们视野。起因为2021年3月，美国艺术家迈克·温科尔曼（艺名：Beeple）的NFT作品《每一天：前5000天》（*Everyday: The First 5000 Days*）在英国佳士得线上拍卖（图1-83），其以6900万美元的成交天价瞬间引发了全球范围内对于NFT与艺术之间关系的广泛探讨及热议。

首饰设计行业的未来也不可避免将进入区块链技术的发展和应用的潮流之中。在新一轮数字化进程中，NFT将在全球的经济结构、产业及行业业态等多个层面为经济发展和文化艺术领域带来许多新的变化与挑战。

图1-82　3Design珠宝建模软件实体渲染效果

图1-83　NFT作品《每一天：前5000天》（*Everyday: The First 5000 Days*），Beeple，美国

---

❶ 219 Design是由一群斯坦福大学的毕业生在硅谷成立的产品工程公司。过去几年里，他们设立了自己的创新产品开发员，不断地学习包括3D打印在内的各类技术。通过研究，他们建立了互动式VR产品评价程序。
❷ "非同质化代币"或"非同质化通证"（Non-Fungible Token，NFT），是区块链技术的应用。

第 二 章

创意思维的形式
与构建方法

通过绪论的综述，对于首饰的定义、首饰的分类及首饰设计的概念已有所明确。作为现代设计进程与发展中必不可少的一员，首饰设计历经多变与时代更替，现今已步入全球化的时间表。

21世纪的首饰设计不再是独立个体的，更多是相互作用和重叠的，以保持多向性。在未来，艺术与珠宝的结合将不再像过去那样随机和偶然，从而使不同的艺术实践的互动更加流动。设计学科也将不再是个人才能的表达，而成为跨专业的团队职业。通过互联网，创造、生产和销售的交流已经成为可能，从而彻底改变了设计师、生产者、分销商和消费者之间的关系。在共享经济及网络非见面时代的背景下，技术试验与工艺实施的分工将更加明确，这种情况驱使首饰设计师们需要具备一定的数字技术（如绘图软件、建模软件的应用），以便能在虚拟平台上直接接触消费者，并与生产厂家保持更为高效的沟通。通过借助3D或VR技术以及以大数据库平台为背景，许多设计款式的虚拟成品将被提前预告，而工艺难点也会更快被专业人士及软件技术替代。

因此，对于首饰设计师而言，如何能形成独立的创意思维，如何能确切了解客户的需求并应用自身的设计能力达到双方有效沟通，如何能对接专业工艺技术资源，这些将会成为其必不可少的综合能力。本章重点将理论与实例相结合，探讨首饰设计中创意思维的构建方法及应用。

第一节　创意思维

一、创意思维概念

创意思维是人们在认识事物的过程中，结合自己所掌握的知识和经验，通过分析、比较、抽象、综合，再加上有逻辑性的想象而产生的新思想、新观点的一种思维方式。简而言之，创意思维是培养想象力的过程，它能让你"跳出固有思维模式"。能够训练你的思维，形成具有创造性的思考方式，它可以帮助你发现问题、解决问题，同时以新鲜的、创新的方式进行交流。

就创意思维的本质而言，它是综合运用形象思维和抽象思维，并在此过程中突破常规从而有所创新的思维方式。创意思维的核心在于通过科学的思维方式，全方位地提高思维能力，更完美且有效地创造客观世界。这种技能并不局限于设计师、音乐家或其他艺术家等创造性人才，人人都能从这种思考方式中获益。因为，人们可以通过训练，从各种各样的奇思妙想中获得更多的可行性，而这些想法可以激发更好的改变。

创造力往往源于创造性思维，而思维又是人类智慧的根本体现。因此，对于创造性思维能力的培养亦是首饰设计学习的重要目标之一（图2-1）。

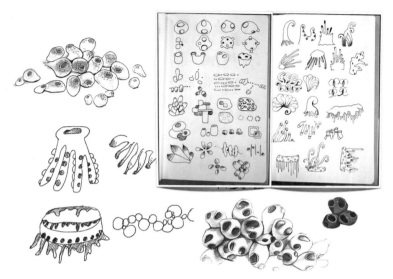

图2-1　创造性思维设计过程展示，海洋珊瑚虫的变化与首饰设计结合的可行性方案思考，作者：高丽芳

二、创意思维能力

什么是创意思维能力？以下将分类做出进一步的阐述。值得注意的是，获得创意思维能力并不仅限于首饰设计的专业范畴，任何以创造性方式学习的人都可以通过一定的训练方法获得创意思维及相关所需的技能，以丰富自己的设计内涵与外延。由于行业的差异及个体间存在的差异，因此没有一种绝对"正确"的方法或一套完美的"操作"方式来遵循。但就本质而言，不断思考并掌握以下相关内容，可以有效提升创作能力并具备创意能力，首饰设计领域亦是如此。

（一）感知[1]和同理心[2]

也许许多人会发问，感知和同理心是否为创意思维能力？如果具备洞察力和

---

[1] 感知即意识对内、外信息的觉察、感觉、注意、知觉的一系列过程。感知可分为感觉过程和知觉过程。感觉过程中被感觉的信息包括有机体内部的生理状态、心理活动，也包含外部环境的存在以及存在关系信息。感觉不仅接受信息，也受到心理作用影响。知觉过程中对感觉信息进行有组织的处理，对事物存在形式进行理解认识。

[2] 同理心（Empathy），亦译为"设身处地理解""感情移入""神入""共感""共情"。泛指心理换位、将心比心。亦即设身处地对他人的情绪和情感的认知性的觉知、把握与理解。主要体现在情绪自控、换位思考、倾听能力以及表达尊重等与情商相关的方面。

同理心与创造性思维携手并进，能够帮助设计师读懂自身与他人在讨论时的情绪，理解对方的境遇或产生共情，这是十分重要的。

同理心也有助于想法的表达。也许在你工作的过程中，人们并不总是接受你的想法。同理心则是让对方也拥有这个想法的"所有权"，成为这个想法背后的发生者。在共同参与的情况下，你建立的不仅仅是同理心，而是共同在想法上的礼让与协调。

（二）分析能力

分析能力能够帮助我们理解社会环境之外的许多其他情况。设计师通过阅读文本或相关的数据，并对它们进行分析，从而对背后的含义有更深层次的理解。通常，当拥有了某种创作灵感或设计意图时，第一步需要的是能够获取并吸收更多与其相关的信息，并以各种方式分析它，能够分析信息通常是创造性思维过程的第一步。

（三）开放的思想

一旦设计师接受了信息，保持开放的心态是非常重要的。这就意味着需要抛开偏见或假设，鼓励自己以新的方式看待问题。

偏见和假设也是设计师将会面临的一些心理障碍。它们往往源于一种严格的，"应该是这样"的思维方式。其他的思维限制也可能来自思考问题时过于逻辑，或者创造性思维在某种程度上打破了原有的规则。这些都是有限制的，因从某种层面而言，拥有开放的心态往往是成功的关键。

（四）有组织性

虽然我们常认为伟大的头脑和极佳的创意者都会有凌乱的房间或办公桌，但事实并非如此。条理性在创意思维中起着至关重要的作用，因为它能让人更好地组织并构建起新的想法。不仅如此，有组织性（条理清晰）还有助于阐述和分享理念。因此，当人们提出想法时，应该有一个结构，一个愿景，并且易于遵循和理解。

此外，如果想法被批准了，则需要制订后续的行动计划，设定目标，并设定具体的截止日期。有组织、有条理性会让人保持警觉，为后续事情提前做好准备。

（五）沟通

在创意思维能力中，沟通起着至关重要的作用。如果不能有效地沟通，就不能让团队或个人接受你的创意与想法。这又回到了同理心，因为你需要理解自身所处的情况。这也意味着个人需要成为好的倾听者，才能够提出正确的问题。

（六）剖析想法

最后一项能力虽然具有挑战性，但却能在许多方面获得好的回馈。有时创意思维意味着把多个想法结合起来。因为在大多数情况下，基本形式的想法可能无法满足最初的目标或解决问题。因此，将想法分解，并与其他想法融合的能力是一种很好的技能。这可以很容易地帮助解决矛盾，并有助于找到一个中间立场。

第二节　创意思维的形式

思维由思维材料、思维的加工方法和思维的结果三要素构成。思维的成果就是解决问题的方案，就艺术设计范畴来讲可称为创意。

从思维的形式而言，人类的思维基本形式主要包括形象思维、直觉思维和逻辑思维。按思维过程的目标指向来划分，思维又可以分为聚合思维和发散思维（表2-1）。

表2-1　创意思维的形式

分类	内容
按形式	形象思维、直觉思维、逻辑思维
按过程的目标	聚合思维、发散思维

一、按思维形式分类

（一）形象思维

形象思维是指以直观形象和表象为支柱而形成的思维过程。指将看到的影像、图文，听到的声响，嗅到的气味，品到的口味，碰到的触觉等，感知形象记忆在头脑中的一种方法。人们不但记住了每一个感知形象，就顺序而言，人们还将感知形象出现的先后顺序留于脑中。每当人们感知到新的形象时，记忆中与新形象类似的感知形象会被激活，此时各种感知形象就会在人们的头脑中浮现，从而形成新的关联与连接。

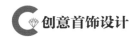

例如，作为首饰设计师的你，正在思考关于"春"这一设计主题来进行创作，脑海中会直接浮现与春天相关的花红柳绿铺满庭院的景象。这种构思的过程是以直观的形象为素材，也就是根据所见所闻而直接形成的方案，亦称为形象思维。形象思维往往是反映和认识世界的重要思维形式，相对于抽象思维，是较易使用的一种思维方式。

1.形象思维于首饰设计的应用案例（一）

以"春"为主题。以铁艺门上的镂空植物图案来表示春天植物生长之态。这一系列饰品的设计是一种延伸，在胸针设计中尝试运用木头与金属相结合的方式，并配以颜色艳丽的宝石，为的是表达"窗外春意盎然"的感觉。同时，木头与金属的结合既能产生对比的效果，也能使饰品更有层次感，戒指与项链的设计主要是对铁艺门窗中的图样进行提取、变化并加以设计。整个系列设计风格统一，但又存在趣味性的变化。

步骤一：以铁艺门上及门上的镂空植物为设计灵感来源，想要表达生长的姿态（图2-2）。

步骤二：选择铁艺门窗的图案作为深入设计的设计要素，并以彩色宝石作为点缀（图2-3）。

步骤三：提取最有特点的曲线和最具代表性的装饰线条进行发展与变化（图2-4）。

步骤四：整理为完整的设计图（图2-4）。

图2-2　形象思维的应用，以"春"为设计主题

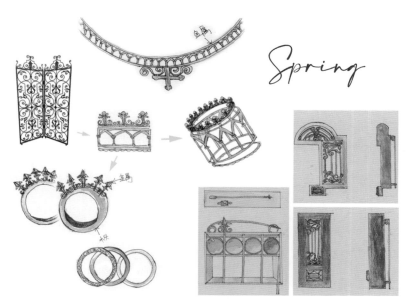

图2-3 铁艺门窗的图案作为深入设计的设计要素，点缀宝石

图2-4 经过整理后的设计手稿

2. 形象思维于首饰设计的应用案例（二）

这一套设计作品主要的设计思路是借用银杏叶所代表的"坚韧、永恒"的寓意来表达对家的感觉。借用珍珠来比喻一家三口，每一个首饰作品上都会始终贯

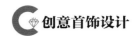

穿着"三颗珍珠"的元素,代表着即便成长、生活迫使我们不得不面临离别的伤感,但"家"意味着只要人在,那家就在。

步骤一:灵感源于银杏树叶。

步骤二:通过对银杏叶的观察,对叶子的大小分布做了排列与尺寸节奏的对比(图2-5)。

步骤三:提取最有特点的叶子造型和叶脉纹理为设计元素,不断变化发展形成套系设计(图2-5)。

步骤四:通过金属加工工艺,完成作品(图2-6)。

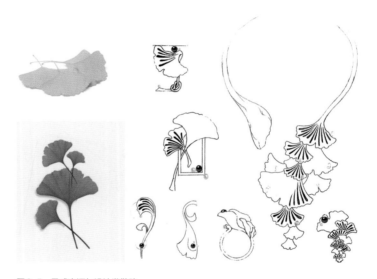

图2-5 灵感来源与设计发散稿

图2-6 成品完成图,作者:杨晨露

（二）直觉思维

直觉思维是指无须经过逐一的分析，不受任何固定逻辑关系的约束，仅仅根据感知直接对问题的答案进行设想和判断，它是敏锐、快速且直接的，甚至达到本能的领悟事物本质的一种思维方式。直觉可归为一种心理现象，它贯穿于日常生活之中，也贯穿于科学研究之中。

在首饰设计中，往往并非一开始就能预见最终的效果，尤其在一些工艺实操的过程中，随着试验阶段的深入，得到的效果甚至比预设的更为出彩。在这个过程中，直觉思维的应用变得十分频繁。

直觉思维于首饰设计的应用案例：珍珠设计比赛

步骤一：灵感源于未来感，打破珍珠给人固有的优雅气质，增加了神秘感。

步骤二：以外太空航行为思路入手设计，以简单的几何图形为设计要素，模仿飞行器的行动轨迹（图2-7）。

步骤三：通过对几何形态的反复推敲，加入珍珠的设计，以点为装饰元素进行构成关系的探讨，最终发展形成套系首饰设计（图2-7）；为了增加比赛的视觉冲击效果，在设计上加强了体量感。

步骤四：通过金属加工工艺，完成作品成品（图2-8、图2-9）。

（三）逻辑思维

一提到逻辑思维，不自觉会和理、工科类学科产生关联。其实，逻辑思维又可以称为抽象思维。它是指在感性认知的基础上，用分析、比较、抽象、概括和具

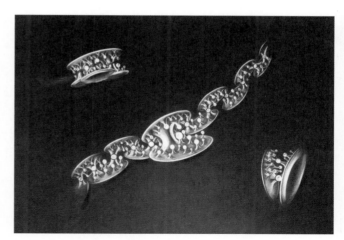

图2-7 直觉思维的应用与首饰设计

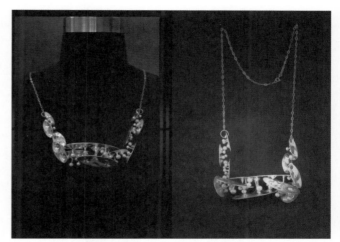

图2-8 《未来感》珍珠首饰设计（1），作者：刘晓辰

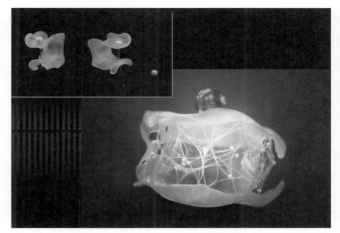

树脂材料制作工艺和材料的未知性均带动了设计的最后方向

图2-9 《未来感》珍珠首饰设计（2），作者：刘晓辰

体化作为思维的基本过程，探究并找出事物的本质特征和事物之间的规律性联系。在首饰设计中，这一思维方式能够很好地帮助设计师化繁就简，在各样的复杂中，找到有效的观测点。由于每个设计者自身的经历及感受不同，因此，所观测的部分也各不相同，自然具体化的结果就各有特色。

1. 逻辑思维于首饰设计应用案例（一）

步骤一：以工笔白描作品牡丹花为设计灵感。

步骤二：通过仔细观察，选择线条作为深入设计的设计要素。

步骤三：提取最有特点的线条形态后进行发展与变化。

步骤四：发展出相关联的首饰设计作品（图2-10）。

灵感来源　　　　　　　　　　元素提取

元素概括　　　　　　　　　　设计构想

图2-10　《花"绘"》首饰创意设计稿，作者：李霄煜

2. 逻辑思维于首饰设计的应用案例（二）

步骤一：以玉兰花的果实为设计灵感（图2-11）。

步骤二：通过仔细观察其生长结构后，去除结构以外的细节，仅保留核心结构（图2-11）。

步骤三：提取最单纯的"圆形"作为设计要素，概括其结构形态后进行变化（图2-12）。

步骤四：发展出相关联的首饰设计作品（图2-13）。

图2-11 灵感来源及抽象化过程

图2-12 设计要素与结构的研究发展

图2-13 《绽放Blossom》，作者：邵翊恩

二、按思维过程的目标分类

（一）聚合思维

1．聚合思维概念

聚合思维是相对于发散思维的一种思维方式，它常常在解决问题的过程中，尽可能地从现有的素材和资料中寻找答案，并且它具有指向性、条理性，按一定的顺序进行设计，有章可循。因此，聚合思维是将各种信息聚合起来，其过程是严谨的，具备归一性，所得出的答案和结论有据可依。

聚合思维以"收拢"为核心，它与以"放开"为核心的发散思维相对应。总之，聚合思维可以帮助设计者们在多种可能性的方案中做出有效的选择和判断，得出最为本质且重要的结论。

2．聚合思维于首饰设计的应用案例

步骤一：以插画人物设计为灵感（图2-14）。

步骤二：通过发散性思维，找到多个设计要素（图2-14）。

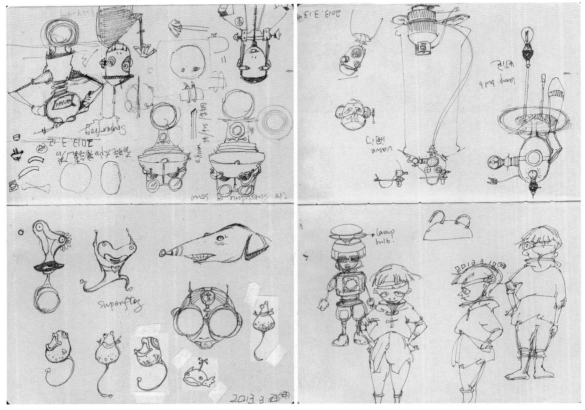

图2-14　发散性思维中找寻设计的可行性方案

步骤三：提取人物的活动方式为设计切入点，并结合蒸汽朋克风格进行设计发展（图2-15）。

步骤四：发展出相关联的首饰设计作品（图2-16）。

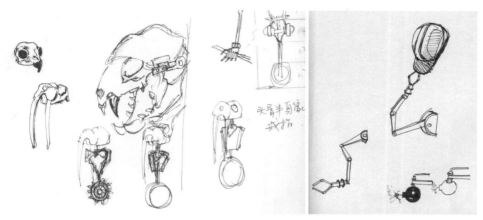

图2-15 提取人物的活动方式并与蒸汽朋克风格结合

图2-16 设计作品呈现，作者：李姝凝

（二）发散思维

1. 发散思维概念

发散思维也可以称为求异思维、扩散思维、辐射思维等。它是从一个目标为出发点，沿不同的方向思考，以便探求出多种答案的思维形式。发散思维与聚合思维相互对立。可以说，它需求思维视野的拓展，呈现出多维度发散状。发散思维是创造性思维最主要的特点，也是创造力。

在首饰设计中，可以针对设计目的从不同方面去思考。例如，同样的物体，可以从不同的角度进行观察，也可以通过这些观察继续找出深入的设计切入点。因此，在首饰设计中，往往不是一步到位，过程并非毫无意义，每一个想法的捕捉与发展都是培养发散思维能力的机会。

2. 发散性思维于首饰设计的应用案例

设计要求：以建筑风格为设计初衷，进行吊坠设计，风格简洁、现代，符合当代人的审美及佩戴要求。

步骤一：通过调研，找到素材后进行慢写与观察。通过发散思维，寻找设计元素的多种可能性（图2-17）。

步骤二：设计元素的造型深入思考与变化（图2-18）。

步骤三：结合设计目的及要求完成初步设计方案。

在首饰设计的过程中，上述几种思维方法是交替并综合使用的。根据设计的不同阶段，在起初会以发散的形式开拓思维，提出更多丰富的想法，这一阶段并不需要按常理和逻辑关系来思考。通过不断地找寻可能性之后，需要通过对设计要求的深入分析来进行筛选取舍，并找出符合要求并能够深入的方法，这个阶段则需要参考并使用逻辑思维，最终通过反复的调研与反馈，完成具有目标性且具备特殊性的设计，这个阶段下聚合思维的应用就显得十分重要了。

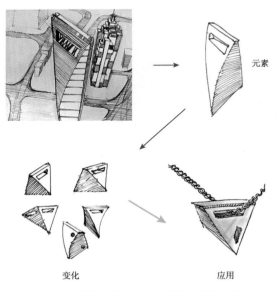

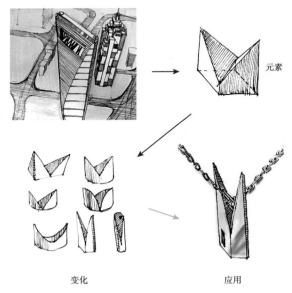

由一个目标为出发（以设计吊坠为目的），用不同的思考方式为切入点

图2-17 发散思维方案1

根据同不同的切入点，所产生的设计结果不同

图2-18 发散思维方案2

第三节 创意思维的构建方法

一、视觉语言

（一）视觉语言概念

视觉作为人类五感中极为重要的感官之一，起到了重要获取信息的作用。通过视觉，人们感知物体的形态、颜色及动静关系，从中获得具有重要意义的各类信息。据统计，人类80%以上的信息是通过视觉来获取的，可以说视觉是人类最重要的感官。另外，视觉不仅仅是获取信息的渠道，设计师通过对所获得的信息进行主观的分类与重新组织语言之后，便可通过图形图像、造型与色彩、材料及肌理等具体形式表达出来。因此，视觉同样可以作为一门语言来实现表达与交流，只是它使用视觉元素而不是文字语言来传达意义和表述思想。

自包豪斯设计学院开设设计基础训练课程以来，视觉语言的语法结构几乎以三大构成为根基，至今成为经典并且深深影响着全世界的设计基础教学。当设计师运用视觉语言时，需要在人的视觉经验的基础上，运用现代的科学和技术，以寻找新的表现方式来传达现代人的思想观念和精神观念的变化，这点是十分重要的。

当然，设计师应用视觉语言的终极目的始终是表达理念与疏通信息。即便是文学作品，文字也仅是传达信息的手段，而不是信息本身。因此，设计师首先需要不断明确设计目标，反复梳理适合的设计理念并且明确所要传达的内容。如同文章的主题明确后，需要通过不断尝试获得相匹配的文字。同理，在设计过程中，寻找匹配的视觉语言来绘制具有一定视觉冲击力的作品亦是十分关键的。它们应用的方式和文学有诸多相似之处，如必须先按照相应的词法结构来成词，进而成句，最终成文。在视觉语言的范畴中，人们对于视觉形态，有着本能的归纳其语义等习惯。设计师们通过细致的观察，能有效利用人们的这一习惯，运用图形符号等"词"，重新进行组合，最终获得具有新意的"语句"。

（二）视觉语言的表达与首饰设计案例

《好梦·难圆》的作者以仲夏夜的一个梦为起点，回忆自己儿时的芭蕾舞蹈梦，虽然长大后没有圆梦，但仍然感到美好。作品以月全、月缺为造型元素，寓意人生的不可控以及看似美好的表象背后往往饱含辛劳与汗水。图2-19中，作者以视觉语言的方式将主题和设计意图做了整理和表达，让读者产生共鸣。图2-20为设计变稿过程，以"圆形"这一视觉符号来代表月亮的饱满状态，并且结合简化的

舞裙形态，用渐变的构成方式来描绘从圆满到缺失的整个过程，找到了较为匹配的视觉语言来表达作者的设计意图。图2-21为作品呈现，作者将月食与舞蹈裙摆大小作为设计关键要素，与主题呼应，材料商用了金属和木头的对比，给人以场景感，增加了视觉冲击力。

Graceful dance, dancing skirt, this is the inspiration of my design.

Ballet has always been my dream in childhood , but the dream is often adhere to and achieve. Driven by the wonderful memory in childhood of dancing, I use the elements of Ballet dancers and eclipse of the moon to beauty and hardships of the dancers, meaning the pursuit of flawlessnes difficult. No one knows the hardship behind.

European classical dance, transliterat French word ballet. One of the most impo characteristics of Ballet is that actres tiptoe the ground during performance, so it called pirouette. The dancer spirit is behind in the name of beauty, self-discipl sacrifice.

It is a special kind of astronomical phe when the moon runs to the earth's shadow p the area between the moon and the earth wi covered because the sun was covered by ea so it seems that the moon is missing a pi

图2-19 《好梦·难圆》视觉语言整理后让观看者产生共同联想

Design Process

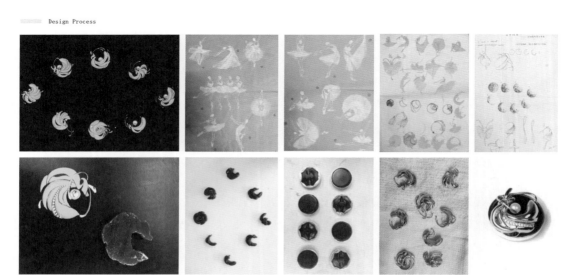

图2-20 《好梦·难圆》设计成稿过程，以构成的方式找到最匹配的视觉语言来表达

Summer night
Difficult to have one's dream come t

I use the elements of Ballet dancers and eclipse of the moon to express the beauty
of the dancers, meaning the pursuit of flawlessness is rath

图2-21 《好梦·难圆》设计作品呈现，作者：刘翊倩

（三）视觉语言的表达

概括而言，视觉语言为了"表达"，归根结底是让人能理解，产生互通的状态。视觉表达则是通过视觉语言来进行的，其所要表达的内容往往是根据设计的目的和要求被指定或限制。设计师的工作就是怎样让这个被指定或限制的内容更明确地表达出来，更好地让人理解，好的创意在此时就显得尤为重要。

不难发现，儿童更擅长视觉语言的表达。虽然他们尚未经过正式的绘画技巧训练，但总能用简单易懂且直接的视觉语言来描绘这个世界，用色也十分大胆单纯，直击人心，他们对实物的感受力与表现力并不受限于绘画的水平。如今，计算机与智能手机应用普遍，成人更习惯依赖电子产品。不否认其为我们带来的便捷性与高效性，但这也会在一定层面上妨碍个人记录创意性的想法或保持创作的冲动。原因是过早地追求"完美"的想法往往给人带来压力。计算机软件和应用程序的辅助性被削弱，强调完美结果为导向时，会让许多创意性想法无法被保留下来。

因此，如何将许多灵感迸发的瞬间快速有效地记录下来显得尤为重要。运用最原始的绘画方法，直接用未经雕饰的线条、色彩等视觉语言把当下的感受记录下来，让大脑在不知不觉中变得更加敏锐和兴奋，衍生出的各样创意想法更是超过预期（图2-22）。

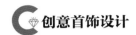

图2-22　学生设计手绘稿

最后，与其说进行视觉语言的训练，不如理解为回归初心与本质的视觉体验。借助图画的方式，尝试将语言表达进行视觉化的转换，捕捉最初始的感受，恢复创作热情。

二、创意思维导图与应用

为了更好地进行创意思维训练，并且找到更为匹配的视觉语言，创意思维导图的应用无疑是十分有效的。这一方法不仅应用在设计领域，在其他各个领域，对于如何整理思路、如何寻找并锁定核心问题、如何有效解决问题等都起着非常积极的作用。

（一）思维导图的概念

思维导图是由英国人托尼·博赞（Tony Buzan）发明的。他本人并非从事创意工作，但其发明的思维导图工具使用起来简便易行，且十分高效。如今已经成为实用性极高的发散性思维工具。托尼·博赞曾在微软、IBM（国际商业机器公司）、索尼、三星等著名跨国公司担任顾问，思维导图也被称为"世界记忆之父"和"记忆大师"。正如其名（The Mind Map）一样，人类的思维拓展过程并不是机械式或逻辑性的，而更像是以一个中心为关键点，朝向四面八方发散。

如果以一个形象来比喻的话，可将人类大脑神经系统视作树木的生长，沿主干不断向四处扩散，在每个枝干处稍做停顿，继续朝着不同的方向展开更细的树枝，最后形成如树一样的图示。正如上一节所提及的发散性思维其实是人类大脑最为原始自然的思考方式。所有通过感官进入大脑的信息，不论是文字、数字、气味、颜色、音效等，这些全部会像树枝上的一个节点，然后由此为一个中心，继续向着与其相关的方向发散。这些发散的过程中，一旦配合图片和相关的关键词，就能让思维完全视觉化，一览无遗。这样平铺直叙的方式，也能更好地构建个人对一个事物研究后所形成的数据分析库。

概括而言，思维导图是用图文并茂的方式把各层级的主题关系用相互所属的方法以及层级完全展现出来。然后，通过将主题的关键词与具体的图像、颜色相互联系，从而建立彼此的记忆链接。这套方法被论证能有效且充分地调用左右脑的机能，辅助人们在逻辑思考与想象能力之间达到平衡的发展。详细内容可查阅书籍《思维导图》（托尼·博赞著），此处不做具体展开。

（二）思维导图在首饰设计中的应用作品案例

背景描绘：作品取材是黑格尔人性论中性本恶的观点，讨论善与恶的关系，肯定恶的存在。善与恶相对立而共存，恶是能转化成善的，善是恶的最终追求和人类的最终目的。作者以人的"恶"为灵感，展现这个世界上大多数人身上的小恶，讨论我们内心原始的恶和与本能恶意作斗争的我们，也希望引发大家对人性善恶更多的思考，人不是非善即恶，而人性本恶，为善不易，珍惜每一点来之不易的善。

（1）第一阶段：通过视觉语言的方式，将"恶"的具体内容以视觉元素的方式进行概括和重新构建。

例如：

①消极——相处中充满了尖锐感和负能量。

②自傲——目空一切。

③偏见——只关注他人的缺点。

④优越感——随意评论他人外貌。

⑤嫉妒——酸、不爽等。

根据以上特点，归纳出的小"恶"所衍生出的视觉语言（图2-23）。

（2）第二阶段：深入思考，由第一步众多小"恶"中找到最具有感受的切入点——嫉妒，并由此为第二阶层关键点再拓展思考（图2-24）。

消极	目空一切	只关注他人缺点
相处中充满了尖锐感和负能量	自傲	偏见
评论他人外貌	嫉妒	借助图画的形式来传达信息更生动有趣，试着将语言表达进行视觉化的转换，来捕捉最初始的感受，恢复创作激情。
优越感	酸、不爽	

图2-23 将"恶"的具体内容以视觉元素的方式进行概括和重新构建

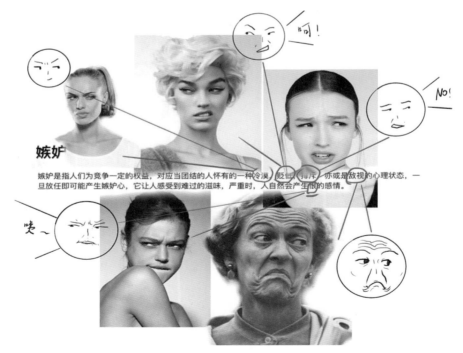

图2-24 人类最普遍的情感升级"嫉妒使人面目全非"

（3）第三阶段：由嫉妒所发散而出的想法和相关联想，以如今最流行的语言"柠檬精"为关键词，并思考相关的视觉语言，通过发散及联想后得到图2-25。

（4）第四阶段：根据之前的整体思考过程，整理出如下思维过程图。根据深入的程度，继续添加关键词和层次关系的链接点（图2-26～图2-29）。

图2-25 由嫉妒所发散而出的想法和相关联想

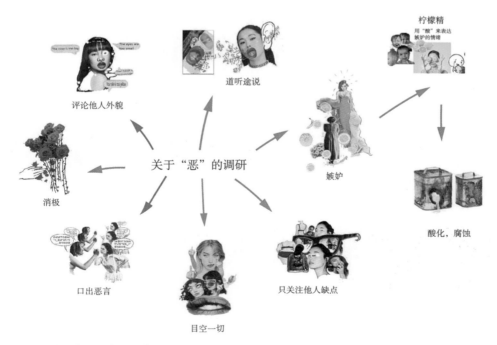

图2-26 《"我"与"恶"的斗争》作品思考分析，作者：陈晨

experiment

腐蚀过程

酸蚀效果

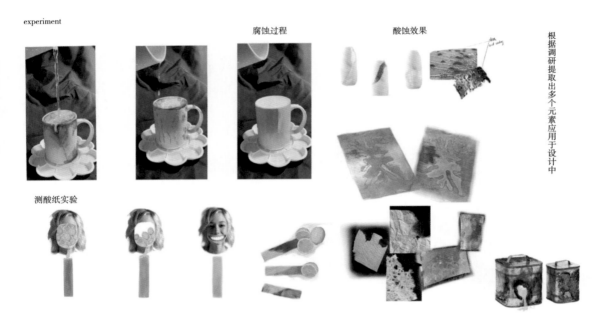

根据调研提取出多个元素应用于设计中

测酸纸实验

图2-27 《"我"与"恶"的斗争》过程深入，作者：陈晨

设计创作

溶化效果

柠檬

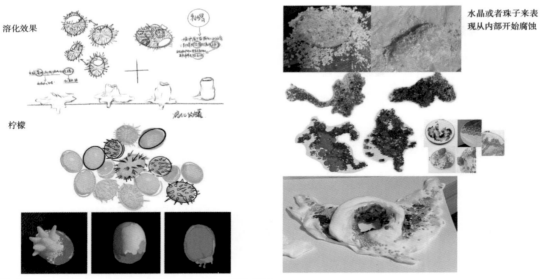

水晶或者珠子来表现从内部开始腐蚀

图2-28 《"我"与"恶"的斗争》整理出视觉语言和设计要素，作者：陈晨

草图创作

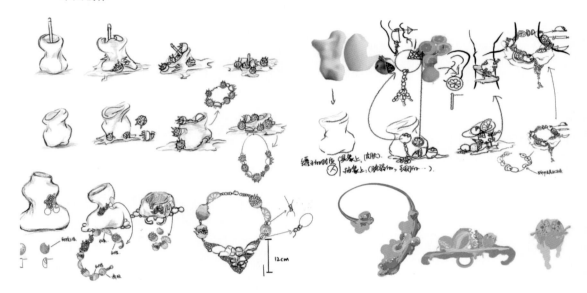

图2-29　《"我"与"恶"的斗争》与首饰设计的关联和设计发展，作者：陈晨

第 三 章

首饰设计的能力与创意过程

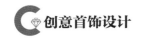

通过前两个章节的介绍，对于首饰的定义、类别、简史以及创意思维的定义和训练方式都有了相关的认知。通过本章节的学习，我们首先对首饰设计创意的全过程作出概览，即对首饰设计创作的基本设计技法、设计调研、灵感探索、初稿、变稿直至工艺的选择、实施等环节逐一进行阐述。其中，重点环节将与实例结合，逐步深入了解首饰设计全过程。通过对首饰创意设计过程的整体介绍，来协助设计师能"瞻前顾后"，较为精准地找到自己所在的创作阶段，同时提前预知将要迎来的下一个阶段。从而在现有的阶段内完成最为重要且核心的设计任务，避免眉毛胡子一把抓而产生混乱。对于初学者而言，只有了解自己所掌握的设计能力在哪个阶段，才能更好地完成自身能力范围之内的设计课题，打牢基础。

本章的内容并非割裂于前后章节，它恰恰是贯穿于整个设计过程的重要环节。可以看作第一个闭环，后续的设计过程会在此流程与基础上不断递进与深入。

第一节　首饰设计的设计能力

不论我们多么心潮澎湃，都无法仅靠热情前行。因为任何超越当下自身实际能力范畴的设计任务，都需要与之匹配的实力，否则我们将难以很好地完成设计。因此，切记一点，首饰设计并非仅以完成当下某件作品为最终目的，而是在不同的阶段反复积累设计能力，直至熟能生巧。那么，以下为所需要具备的首饰设计基本技能和所需知晓的设计过程。

一、构建个人设计资源库

没有输入就无法输出，我们需要一个属于自己的资源库，有效阅读是输入和存储的关键。

在5G时代的背景下，数字化模式阅读正在深入我们的生活。当今我们获取信息的便捷程度是曾经任何一个时代人们都无法想象的。网络福利下孕育而生的各类应用程序，咨询平台琳琅满目，便捷高效。然而，获取资讯的便捷度不等同于个人知识的掌握程度。对于生活在网络语境之下，信息过胜成为常态，这也导致人们无法投入精力去深度阅读和思考，"略读"即看过等于学过，逐渐成为新的学习常态。

然而，据科学家们研究显示，屏幕阅读可能正在对人类的阅读理解造成一系列不利影响。心理学家曾研究在不同媒介下，学生是如何理解同一个故事的。当时，一半学生在纸质书上阅读，另一半学生则使用平板或手机完成阅读。结果发现，在纸质书上阅读的学生在理解方面表现得更好。可见，阅读是从本质上起到帮助深入思考的有效手段。通常，当人们阅读时，即拥有了更多的时间去思考。阅读会给你一个特有的"暂停键"，让你理解并产生洞察力。因此，首饰设计的开始便是阅读的开始。

首先，可找出与首饰相关的书籍，可先从历史类书籍入手。比起迅速翻看首饰类杂志，阅读首饰历史知识更能帮助自身了解形式背后的含义，更能透过作品看到背后所涌动的设计潮流和演变过程。因为，首饰作为某个时代背景下的产物，其造型、材质、工艺特征必定受到当时思潮及文化的影响。同时，可结合艺术史、工艺美术史和现代设计史一起阅读以开拓眼界，扩张对首饰设计外延与内涵的理解。这样，才能跳脱"我"的思维局限，站在一个宏观的角度，客观且较为正确地看待他人的创作。作为一名设计师，需要对设计的作品负责，如只停留在形式上，知其然，却不知其所以然，是欠周全的。因此，阅读历史资料尤为重要。

其次，首饰相关的鉴赏类书籍也是必备的学习资料之一。虽然当今时代，人们可以通过许多网络媒体、应用程序等方式获取海量的设计资源，但与书籍的结合使用会更有效。坚持阅读首饰鉴赏类书籍可有效提升设计师们的审美能力，并且在获得设计灵感方面变得更为敏锐。建议在发现心仪的首饰设计作品后，因深入研究设计者的创作意图、设计过程等，更为准确地理解这件作品。从中吸收自己所需要的内容，通过自己的方式重新诠释。这一吐故纳新的过程十分重要。

最后，首饰工艺技能方面的书籍的储备也十分重要。建议无须重复购置过多同类书籍，而是根据自身的不同程度来选择技能类书籍，即基础入门阶段、深入应用阶段的书均有，目的是提前知晓技能的难易度以及需要准备的时长。那么，在设计的时候即便自己无法掌握某种工艺技能，也可通过书籍展望其最终效果，能及时找寻相关的专业人士寻求帮助。

根据多年的教学实践经历，深知个人资料库建立的重要性。以下为部分整理和推荐的相关书单。由于近年来国内首饰设计领域的迅猛发展，好书不断问世，推荐的书单并不能囊括所有，在此只起到抛砖引玉的作用。

（一）历史（手工艺史、首饰史）类

《7000年珠宝史》是一本综合性珠宝文化史图书，横跨了7000年的全景式世界珠宝历史。书中还介绍了多变的珠宝样式，记述了早期打造珠宝的技巧和材质。全书配有250幅彩色照片和150幅黑白照片，图文并茂，内容精彩丰富，带你进行一场穿越7000年珠宝历史的梦幻之旅（图3-1）。

　　《世界工艺史：手工艺人在社会中的作用》简要而生动地论述了上溯50万年前，下至20世纪70年代末世界范围内手工艺发展的历史，系统地阐述了各个历史时期手工艺家的社会地位与作用，以及手工艺风格与观念的变迁。在西方具有较大的影响，是这一学术领域中一本具有开拓性意义的著作（图3-2）。

　　《中国古代金银首饰》是扬之水先生潜心研究十余年的一部关于中国古代金银首饰历史、文化、类型、题材、纹样、制作的综合性学术专著。全书共计约35万字，图片3000余幅，全面展现了中国古代金银首饰的发展脉络，并附有详尽的索引（图3-3）。

　　明代金银首饰的类型与样式，以全盛的面貌刷新了金银首饰领域的历史，用金银珠宝经营出来的奢华之色，因它的纹样之丰富与制作之精巧而成为书写于盈寸之间的一叶艺术史。《奢华之色》以文献、图像、实物互证的方式为首饰定名，以此揭示一器一物在社会生活史中自身的演变史以及蕴含其中的设计意匠，蔚为"奢华"的种种之"色"，因此而可触可感，其中所包含的种种故事，也因此有着构成历史细节的实证意义（图3-4）。

图3-1　《7000年珠宝史》

图3-2　《世界工艺史》：手工艺人在社会的作用

图3-3　《中国古代金银首饰》

图3-4　《奢华之色》

（二）首饰设计鉴赏类

《500系列首饰设计——非凡设计的灵感集锦》此系列丛书展示了世界范围内的数千位著名国际首饰设计师和艺术家们的设计作品。此系列丛书以不同的首饰进行分类，500件同类首饰单品编成一册，分为耳环、珐琅、戒指、吊坠等。该系列丛书不仅囊括了丰富多彩的当代首饰设计作品，在材料上也展示了贵金属、宝石、纸张和塑料等的多样性；工艺则包含了锻造、铸造、编织和表面装饰等诸多门类。因此，无论你是珠宝专家、收藏家、学生，还是喜欢首饰设计的人，均会从中获得大量的设计灵感并且拓宽视野（图3-5）。

图3-5 《500系列首饰设计——非凡设计的灵感集锦》

（三）首饰工艺制作类

《珠宝首饰制作工艺手册》是英国首饰制作爱好者的最新版工具书，书中每一个完整的工艺都配有一幅精美的图片和详细的文字。全书分为八章，涉及首饰制作的各种工艺，如锯切、锉磨、钻孔、镂空、退火、酸洗与淬火、冲压与模压、浇铸等制作技术，是一本全方位介绍传统与现代珠宝首饰制作工艺的指导书（图3-6）。

《国际首饰设计与制作：银饰工艺》是一本银饰制作与表面处理工艺的实用指南，全书内容翔实、图文并茂，它一定会激发你对银饰艺术的喜爱和创作才华。通过阅读本书，你可以学到基本的银饰加工技巧和表面处理工艺，也可以学到一些实用而特殊的工艺，如金属联结、宝石镶嵌、花丝工艺及珠粒工艺等（图3-7）。

（四）首饰材料类

《首饰材料应用宝典》是一本关于珠宝首饰材料及制作工艺的实用指南，除了介绍首饰加工要用到的贵金属和贱金属外，还有诸如木头、骨制品、贝壳、皮革等天然材料，瓷器、玻璃等传统介质，丙烯、树脂、橡胶、纸张等新材料以及用于首饰制作的各种工艺（图3-8）。

（五）首饰绘图表现类

《珠宝设计手绘表现技法专业教程》介绍了珠宝首饰设计从入门到精通及珠宝切割镶嵌工艺知识（图3-9）。

（六）首饰电脑建模类

JewelCAD是珠宝首饰设计行业应用最多的3D建模软件，操作简便易上手，为珠宝设计行业提供了诸多便利。《JewelCAD珠宝首饰设计与表现》的作者将自己多年的心血和经验凝于书中，意图帮助珠宝首饰行业从业人员、学习人员及爱好者实现自己的梦想，完成属于自己独一无二的首饰作品（图3-10）。

《Matrix珠宝首饰设计与建模教程》采用了精简建模法，利用Matrix（珠宝设计软件）与Rhino（3D造型软件）相结合的方法，既减少了文件的容量、档案转换的错误，也提高了倒角的成功率，极大地降低了模型的复杂程度，也极大地提高了边缘精准度。另外，相对少的控制点，有利于模型的修改（图3-11）。

图3-6 《珠宝首饰制作工艺手册》

图3-7 《国际首饰设计与制作：银饰工艺》

图3-8 《首饰材料应用宝典》

图3-9 《珠宝设计手绘表现技法专业教程》

图3-10 《JewelCAD珠宝首饰设计与表现》

图3-11 《Matrix珠宝首饰设计与建模教程》

（七）首饰鉴定入门类

《珠宝首饰鉴定（第二版）》主要介绍珠宝首饰的概念、性质，常用鉴定仪器的结构和使用方法，以及50多种常见宝石、玉石、有机宝石的基本特征、鉴别方法，各种合成宝石和优化处理宝石的鉴别，常见贵金属首饰的成色鉴别和首饰质量检验等内容。本书可供广大珠宝首饰行业从业人员、珠宝爱好者以及相关专业师生阅读（图3-12）。

图3-12 《珠宝首饰鉴定（第二版）》

二、绘图能力

在首饰设计中，绘图可作为记录与传达的最有效方式。设计师不可避免地要通过绘制二维视图来描述一个物体，记录相关设计主题或者对应的制作过程。绘画能力的高低会对设计作品的表现力产生直观影响。然而，如今随着大量电绘辅助软件和应用程序的诞生，如Procreate、Nomad、Shapr3D（图3-13～图3-15）等。它们的出现能有效辅助设计者们捕捉设计灵感、记录设计想法、输出设计图稿。从某个角度而言，设计师们已无须过度关注自身的绘画能力。但作为专业人士，掌握一定的首饰创意图和首饰效果图的绘制还是十分必要的。

图3-13 Procreate

在首饰设计中的绘图可分为两种：一种是为了灵感的记录和设计过程而绘制的创意过程图。另一种是在完成设计稿件后，为工业化生产需要沟通而绘制的效果图或比例关系图。两者均可通过训练达到专业水平。

（一）绘制创意过程图

通过艺考进入高校学习的学生，通常已经具备了相当的绘画能力。通过系统性的素描、色彩、速写等大量训练后，对造型的把握、色彩的感受以及线条的理解能力均有较好的基础。在首饰设计过程中，拥有良好的绘画基础是优势，但目的不同。设计需要能快速有效地捕捉、记录事物的特征，成为原始的素材储备。设计师们的主要工作是对原始素材进行整理，并应用设计原理对素材进行重构、拆分、凝练，最终创作出新的设计作品

图3-14 Nomad

图3-15 Shapr 3D

（图3-16）。创意过程图的绘制，本身就是设计师们思考创作呈现出来的过程。

由此，初学者无须过于担心绘画水平，而是在现有的能力范围内，通过描绘物体的特质，思考设计意图的传达、设计元素的提取、拟达到的设计效果等核心问题。

在绘图方式上，临摹、速写与慢写的相互结合都十分适宜。临摹通常最适合初学者使用，而慢写则是由素描到速写的一个过渡阶段，也是一种应用素描。它可以在较短时间内完整记录物体，有一定的绘画基础者可以直接进入慢写阶段。

例如，英国首饰设计师阿比盖尔·珀西（Abigail Percy）的创意绘画过程，清晰明了地呈现出其设计素材的来源，并通过临摹、慢写（图3-17、图3-18）找出能够继续深入拓展的素材元素。图3-19、图3-20展示了设计师将找到的设计元素重新构建，进而产生新的设计方案。设计师在经过反复推敲设计元素及细节后完成首饰成品（图3-21～图3-23）。

（二）绘制首饰效果图

首饰效果图是建立在已经有了明确的设计内容后，将较为成熟的设计想法归纳整理成最终的效果图。通常首饰效果图作为设计想法的收尾，是进入加工环节

图3-16　Nomad建模及成品完成，作者：曹清云

图3-17　素材影像资料，作者：Abigail Percy　　　图3-18　手绘慢写，作者：Abigail Percy　　　图3-19　手绘记录，作者：Abigail Percy

图3-20 设计元素记录与提取，作者：Abigail Percy

图3-21 设计元素发展与重构，作者：Abigail Percy

图3-22 通过工艺成品化，作者：Abigail Percy

图3-23 项链实物，作者：Abigail Percy

前的最后一步重要工作。它的目的是能够清楚且准确地表现设计内容，便于后续制作环节的沟通。因此，效果图的核心是要客观、准确。绘画以三视图来完成，需要将首饰的不同视角下的结构、细节绘制清楚。同时也要体现出实际的尺寸、比例大小，标清金属与宝石或材料之间的结构关系（图3-24、图3-25）。

首饰效果图需要经过一定的学习和练习，对金属、宝石及其他材料的处理有一定的经验。具体的练习及方法可参考第三方书籍。

>> Painting

>>由眼睛的形状联想，以宝石
为中心，开始画草图。尝试
几种方案后，确定方案三，
再完善效果图。

图3-24　原创设计效果图，作者：蒋宛均

>> 3D Rendering

图3-25　手绘渲染图及电脑制板图，作者：蒋宛均

三、视觉记录

（一）概念

视觉记录是以视觉为主的一种资讯呈现方式，优点为在一个画面上呈现完整思路，通过记录设计过程，记录日常观察所见的事物。将想法以视觉语言的方式呈现出来，从而能有效准确地抓住观者的眼球，使观者便于思考、讨论和深入学习。

（二）使用目的

视觉记录能帮助设计师关注思维脉络、想法的呈现达到善用想象力的目的，从一切信息中探索和拓展出灵感。

（三）使用方法

以速写本为记录载体，后续文中称为视觉日记（图3-26）。通过绘图、拼贴等方式，记录下包括视觉或其他富有灵感的材料。

重点，请不要停止记录。在你的视觉记录过程中，其内容或许不能马上与你所需要的设计结果产生直接关联，但它却充当了一个"诉说者"的角色，能以视觉的形式微妙地折射出你对事物、经历、挑战和事件的个人反应。这些视觉记录的信息将延续和拓展你的设计理念，成为后续工作的重要核心资源。

（四）所需材料

根据个人需求而定，基本需要准备：

（1）载体工具：速写本（空白绘图本或网格本，建议选择较大开本）。

（2）绘图工具：针管笔、铅笔、彩色绘图笔、马克笔、橡皮。

（3）裁切工具：刀片、剪刀。

（4）测量工具：直尺、圆规、曲线板、量角器等。

（5）复写工具：硫酸纸。

（五）分类

视觉记录的内容可根据需要分为设计理念日记和工艺流程日记，还可根据需求细分，如专门记录理论知识的日记。不论以何种形式进行分类，目的都是找到最适合的方式，养成视觉记录的习惯。

1. 设计理念视觉日记

在信息过剩的时代，上网浏览、手机拍照能快速获得大量设计图文信息，但并非看过即学会。从过眼到进脑直至走心，信息需要内化为我的所思所想、所见所为，期间的思考过程无法略过也无人能取代（图3-27）。一旦存有记录后，便能进一步结合所学的设计构成原理，逐一进行深入分析，最终转化成个人专属的视觉语言和思考方式（图3-28）。当然，这一过程需随时对准设计意图和主旨。因此，持续整理并记录，是个体思考过程直观体现，是形成独立设计能力的必经之路。

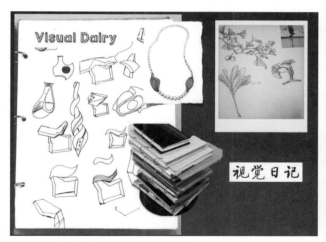

图3-26　视觉日记本

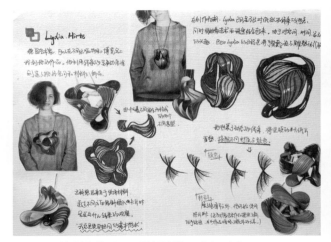

图3-27　设计理念视觉日记——设计理念学习，作者：高睿

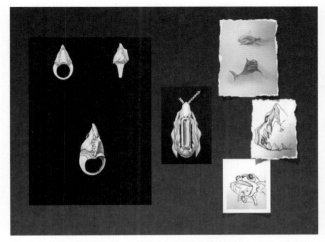

图3-28　设计理念视觉日记——设计理念转化为作品的过程图，作者：金嘉炎

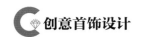

持续是关键，随着时间的推移效果会越发显现。

2. 工艺流程视觉日记

在首饰设计的工艺制作环节中，需要遵循工艺制作的基本规律及流程。若一开始的操作步骤不够严谨而出现错误，那么结果会与初衷大相径庭。在工艺制作的阶段，对于多数操作而言，并不需要个人发挥，只要按部就班地练习，就能熟能生巧。而某些带有试验性的工艺过程，则需要记录材料变化的特性以及相关的数据，以便找到某些效果的特殊规律，并且为下一次能反复使用做好记录。

3. 工艺制作关键点的记录

在进入工艺实操之前，可以提前预习相关工艺，查找资料并将重要的关键点记录在日记内，如工艺原理、工具、时间以及基本效果等。

4. 试验性阶段的参数记录

在带有试验性工艺制作的过程中，如珐琅工艺（图3-29）、金属肌理处理工艺（图3-30、图3-31）及多样化材料的实验阶段等（图3-32），设计者无法预知设计过程中会产生的变化和效果。因此，需要将自己制作的情况和每种可能性的数据进行记录备案，方便日后不断更新和反复使用。

5. 错误情况分析记录

多数时候，造成设计走不到最终理想成品的情况并非大是大非的错误，而是被忽略的细节。很多初学者，会在工艺学习过程中巧遇做成的时刻，但尚未掌握工艺规律。如果后续练习仅靠感觉、全凭运气，如同地基不稳的大厦，轰然倒塌只是时间问题。所以，勤做记录会带来事半功倍的效果（图3-33）。

图3-29 珐琅工艺试色记录

图3-30　金属熔合工艺记录，作者：陆嘉楠

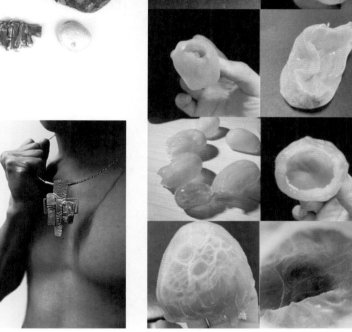

图3-31　最终作品完成图，作者：陆嘉楠

图3-32　硅胶小样实验，作者：廖文清

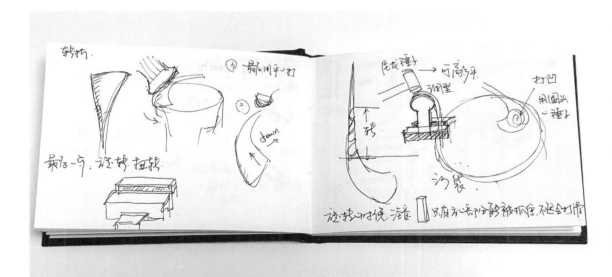

图3-33　工艺制作过程中的关键点和错误记录，作者：邵翊恩

第二节 首饰设计的创意过程

一个好的设计创意绝不是依靠偶发的瞬间，创意的产生需要依赖系统化的流程，这样所产出的设计方案才能既保证可实现性又足够有据可依。

首饰设计创意的过程同其他设计领域一样，有着具体的创意过程。虽然其具体内容和某些环节有别于其他的设计门类，但同样可以遵循以下步骤：

（1）设计任务书。

（2）初步调研（自身出发）。

（3）灵感来源。

（4）提取设计元素。

（5）做设计尝试（草图、做模型）。

（6）提炼升华。

（7）深度调研（艺术、市场）。

（8）拓宽设计思路。

（9）优化设计（细节、材料、工艺）。

（10）研究用最好的呈现方式让设计落地。

一、设计任务书

设计任务书通常是所有具有创意性设计工作的开始，也称"设计计划任务书"。由于设计工作需要在一定有限的时间内，有计划地持续展开工作，因此，从根本而言，设计任务书是将你的设计目标优先勾画，在这一前提下再度激发你的创作灵感。

在设计任务书中，可以罗列出所有的有限因素、所存在的优劣条件以及可能遇到的问题，同时也可设想你所要完成的最终成品或任务的具体信息。总之，设计任务书对整个设计创意的过程都起着前瞻作用，更为后续具体的设计调研和进程起到引导作用。

设计任务书的分类按设计要求主要有如下四种：

（一）学术型

这是一种在学术背景下，由指导教师指定并且主要由学生个人独立完成的设计任务书。目的是学习，目标就是所示范的作品。作为学生，需要达到任务书中有关于创造性的要求，还需要达到任务书中明确规定的评价标准。指导教师也会把任务书当作核心教学依据，来帮助学生理解和提高设计能力。

（二）竞赛型

参与公司或者协会等组织的设计比赛。此类比赛会有明确的要求，这些比赛的设计要求十分明确，可以清楚了解设计的意图、材料、形式。此类比赛不仅对业内及校内的设计新人会起到激励的作用，通过比赛获奖也能增加设计实战经历并得到一定的经济上的资助。

（三）商业型

商业化的及以客户为基础的设计任务书是作为设计师必然要面对的任务书。这些任务书具有非常明确的目的和目标，会以诸多商业需求因素为主导。这意味着设计师需要具备更为具体的商业基础知识。例如，不同贵金属价格、宝石的价格、设计周期、工艺成本、利润空间。根据不同的商业目的、任务，书中所涉及的内容要素也是不同的。如高级定制珠宝和文化创意产品以及批量化为主的饰品之间的差别迥异。

因此，衡量一名首饰设计师是否具有创造力的标准，在商业设计中更多的是获得客户认可。既能紧密贴近设计要求，又能遵循任务书的限定，同时又以巧思和妙想创作出具有独特魅力的创意首饰设计。

（四）团队型

这也是一种常见的任务书类型，通常要求个人在一个设计团队中开展工作。例如，在一个成熟的首饰企业或品牌团队中完成某个环节的具体工作任务。并且，需要和他人共同完成一些整体项目。因此，个人不仅需要明确整体项目目的，更需要具备协作能力，了解自己在此任务中与其他任务前后的承接关系。最终确保在整体项目中能够具体完成被指派的特定设计任务，获得一个既连贯又有内在联系的设计。

二、初步调研

（一）概念

调研指调查研究。需要通过各种调查的手段和方式，针对素材和资料进行研究分析，提炼新的要素，得出新的想法，能最终应用到首饰设计中。调研是一种探索的过程，需要通过视、听、感受等方法来考查和观察，初步调研阶段的任务是收集和记录信息。因此，无论是本科学习还是研究生阶段，甚至是从业之后，调研对于开启一个设计项目而言，都是十分重要的。

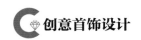

调研内容包括收集设计所需要的灵感来源素材，可以是图片资料，也可以采集物品作为素材，如不同的金属材料、非金属材料、配件、杂物等。调研中可以同时了解设计对象的个人信息，如设计对象的生活方式和喜好等；还可以制作调研表格来对市场的需求及同类首饰设计的情况进行采访和了解。

需要注意的是，初步调研更强调的是从设计师亲历的感受与主体出发，通过不同的手段去激发灵感。这里特别要注意，在学习设计初期，设计师总会很急切地想要进入主题或直接定义概念，甚至迫不及待地画出设计稿。但在此之前，应该通过收集不同的资料来找出你感兴趣的事物，并且通过学习、探索和分析，获得更多创作的可能性和可行性。结合第二章中的内容，可以理解为要训练自己将思维发散，探寻更多的设计元素切入点。

总之，通过初步调研的方法，能帮助你了解自己感兴趣的部分并拓宽你对周围世界的新感受和认知。由此可见，调研也是一件非常个性化的工作。若认真对待调研的全过程，表面看似做了额外的工作，但你随即就会发现自身看待事物的眼光和对世界的思考方式变得独特且不同寻常。不久，你就能有别于这一行业当中其他任何一员。因为真正的差异来自你本身，你个人的独特见解才是无法被复制的，因此这个环节尤为重要。

最后，切记调研的首要目的是激发创作灵感，从而能为后续深入设计提供巧思妙想。

（二）内容

可根据不同的设计需求来绘制调研的具体内容表格（表3-1）。

表3-1 调研的具体内容表

内容分类	具体情况
造型结构	
色彩	
表面肌理	
工艺特征	
艺术风格	
文化历史背景	

注 表格可根据不同的设计项目来制定

（三）分析与整理：明确设计主题或概念

历经初步调研后，可以将所获得的信息进行分析与整理。其目的是找到明确的设计主题或形成概念。

三、灵感来源

（一）概念

灵感来源可以是任何源自自然界的东西和事物，也可源自生活感悟及所有能想到的与时空延续有关的东西。在首饰设计过程当中，需要对其进行一定的整理，由一个最初的理念延伸到具体的符号、基础图形图案、文字、色彩、肌理、工艺等视觉元素。

（二）获得渠道

（1）在线资源——网站、网络课程平台、微博公众号、独立应用程序、公众号。

网站：中国故宫博物院、英国大英博物馆、英国V&A博物馆、美国大都会博物馆。

独立应用程序：观复博物馆、每日珠宝杂志。

公众号：KLIMT02、首饰共和。

（2）杂志——线下、线上杂志。

（3）图书馆、博物馆（线上、线下）。

（4）展览、艺术类画廊（包括艺术首饰）。

（5）旅行记录。

（6）老物件收集。

（三）具体内容

（1）自然界——造型、结构、色彩、肌理、图案、质地。

（2）建筑——空间、几何。

（3）雕塑——体量。

（4）五感——视觉、听觉、嗅觉、味觉、触觉。

（5）文化理念——中国元素、日本元素。

（6）社会问题——适老化设计。

（7）新技术——3D、参数化设计、未来感。

（8）可持续发展——环保（旧物改造）、新兴环保材料。

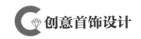
（四）案例：《机械元素的拟人化设计在首饰中的表达》，作者：罗雨

图3-34　初步调研之后整理出视觉形象，便于确认设计主题

1. 现象观察

作为一名在校大学生，发现随着社会节奏的加快和各方压力的增大，越来越多的人开始不注重身体健康。尤其身边的大学生和年轻人经常依仗自己年轻，忙于各类的事务和应酬，熬夜成了家常便饭，造成生物钟紊乱。为了节省时间，人们以吃外卖、速食为常态，油炸食品和重口味的食品更能刺激胃口，深受学生和年轻人的青睐。加之，整日盯着手机、电脑等电子产品，严重缺乏运动，导致年轻人的身体素质越来越差（图3-34）。

2. 整理

针对零碎的信息细节进行深入思考，设计师认为不健康的生活方式会直接对重要脏器造成伤害，如果疾病严重，则只能通过一定的医疗手段让器官坚持运作。

值得参考的是，经过初步调研和分析之后，或许不能马上捕捉到后续设计的具体元素和细节，但可以有效帮助设计师缩小关注范围，找出最核心要解决的问题，从而针对问题深入设计方案思考。

3. 设计理念

现代社会越来越多的人不注重身体健康，经常熬夜、生物钟紊乱、为了节省时间吃快餐之类的油炸食品、整日盯着电子产品等各种对身体有危害的行为，导致身体素质越来越差。所以，用人体器官作为我的第一设计元素。用机械零件代表器官运作，给人以警示，即不健康的生活方式会对人体器官造成严重的伤害，如果不加以干预，只能借助医疗手段维持器官的持续运作。

4. 灵感来源

亚健康、熬夜产生的具体身体疾病有心衰，首先选取能够表达此主题的具体设计元素，即人体的器官——心脏（图3-35）。

四、提取设计元素

通过调研，明确了设计主题与概念。又通过相应的信息收集，将所收集的灵感来源素材进行整理是有效进入设计后续环节的重要步骤。

　　此时，由一个最初的理念延伸到具体的视觉语言的呈现。从点、线、面、体、色彩、质感、语境背景等各样基本元素，到配合不同的搭配方式与相应工艺的选择，从而衍生出某件首饰的雏形。

　　提取案例《机械元素的拟人化设计在首饰中的表达》的设计元素：通过对心脏的实际构造、造型等进行分析，绘制心脏的造型草稿图。思考如何结合齿轮来表现设计理念。此处考虑的是保留心脏的主体造型，在心房的位置考虑使用开合结构，将齿轮安置在空间之中（图3-36）。

亚健康问题的具体表现

疾病约20%　　亚健康约75%　　健康约5%

心脏起搏器　　　　　　　　　　　　　失去动力

心脏起搏器工作方式　　　　熬夜等引起心衰　　　齿轮的运转是动能的表现

图3-35 灵感来源——心脏

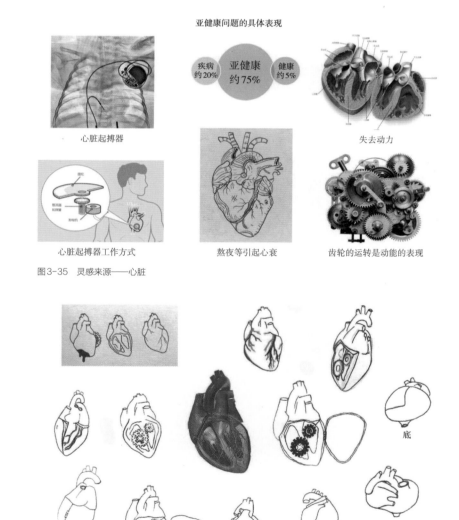

底

右侧

正　　　　左侧　　　　后　　　　顶

图3-36 心脏与齿轮的结合

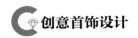
五、设计尝试（从草图到模型）

将提取的设计元素进一步分析之后再度做出取舍，保留最核心的部分，从而尝试将其延伸到整组套系首饰的设计中。在这一阶段，需要再反复结合设计意图进行取舍，聚焦核心元素，重点是运用所掌握的设计构成学原理，将所要表述的理念使用视觉语言的方式进行重组、构建，甚至夸张，从而顺利传达出设计理念。

如何整合相关信息元素使其完美呈现在设计作品中，并且能贴合设计主题便是整理的核心。在此设计过程中，如果遇到无法用草图绘制的情况，如被设计的首饰的体量、重量、空间结构、宝石数量及整体的重心等，可以用建立模型的方式完成设计。通常，这一方法最好先建立在简易草图的基础之上（图3-37）。

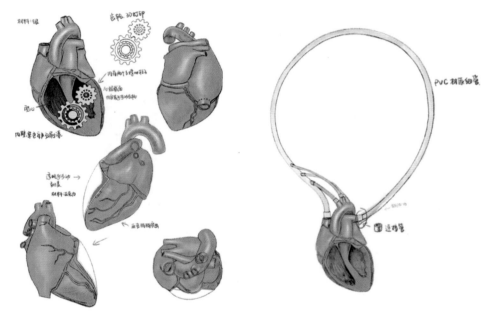

图3-37 《机械元素的拟人化设计在首饰中的表达》作品中心脏与齿轮的结合

六、提炼升华

设计理念简单来说就是给你的设计提炼出一个核心词语，但是它必须是真实地依托于你的设计方向。

提炼升华是首饰设计的深入阶段。这一阶段通常包括资料的整合、设计协调、图纸的精确绘制等内容。就本质而言，首饰设计的不同阶段都会根据最初的设计目的和意图分段进行设计工作。而这一阶段需要前后梳理，并且仔细评估设计方案是否能够继续实施。

在首饰设计中，工艺制作阶段往往决定了设计想法的落地。首饰设计项目缺乏复杂的工艺技术经验是设计无法落实的重要原因之一。因此，可在初步设计后增加对工艺技术的设计阶段。在这个过程中，可以自行完成关键工艺的实验，如果无法完成，则需要借助专业人士或企业共同完成。

七、深度调研

设计本质上讲属于商业产物，它在兼具艺术审美的同时带有明确的商业需求。

（一）概念

深度调研在首饰设计过程中起到对焦设计意图和预判设计结果的作用。即便是首饰独立设计师或艺术家，只需要个人来完成一件艺术首饰创作，也并非闭门造车就能完工的，设计师或艺术家需要对最终的创作结果做出预判，例如创作的时间周期、预算成本、展览方式、销售渠道等。90%的首饰设计师，其职业生涯的核心是为消费者和受众群体提供设计服务，设计出的作品符合委托公司的需求，并在一定时间内将时间成本、物资成本控制到最为合理的范围十分关键。设计与艺术之间存在本质的差异，如果说艺术更多是出于个人的观念，那么设计则是服务他人的一项综合技能。因此，随着首饰设计阶段的深入，进一步的调研与沟通将起到关键的作用。

举个简单的例子：某公司的需求是要设计一款潮牌首饰，那么真实需求就仅仅是需要一款首饰么？在信息爆炸的时代背景下，如何设计一款既能满足年轻人口味、吸引消费者注意的首饰，甚至将此款首饰打造成为当季的爆款，谁作为代言人？最终又以什么样的方式进行推广？这些均需要提前做出预判和仔细考量。这点在商业首饰设计项目中尤为重要。因此，深度调研在达到最终的项目要求中，发挥着至关重要的作用。

（二）具体内容

1. 流行趋势

如果说时尚的定义是发起潮流的小众生活方式，那么流行就是让这种生活方式为大众所接纳并跟从。对全球动态、社会环境、政治生活及文化潮流的敏锐把握是一名设计师必备且逐步发展的能力。锁定目标群体进行首饰设计对设计师来说是必不可少的。因此，很久以来"自上而下"的传播效应对大众的衣食住行有着潜移默化的影响力。过去，通常通过广告并以电视、电台为媒介进行植入式传

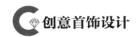

播。而在如今的自媒体时代背景下，人们在成为潮流文化载体的同时也起到了传播者的作用，可以说，信息更加丰富、繁杂。当然，在珠宝首饰行业，每年的业内展览活动，如国内外的大型珠宝展览等也被看作一种时尚流行趋势的传媒方式。

例如，经济低迷，人们身处焦虑、迷茫的情绪中。在如此时代背景下，色彩趋势通过对消费者色彩心理学的研究，对2022春夏色彩流行科学做出预测。2022春夏最主要流行色包括：杏子白兰地、杏仁色、绿光色、苔藓绿、亮蓝色、紫红花色、浮雕玫瑰等。

这些流行趋势的方向将直接对服装、首饰行业产生影响。如果首饰设计师在造型上已有雏形，如何选用配色与材质使其更好地被消费者所接受。那么，就需要根据进一步调研后得到的信息做出调整。

2. 确定目标市场

初级的市场调研（更专业的内容可查询品牌管理等书籍）包含简单地查阅某个设计作品、了解其品牌或公司在广告识别、网上业务、店铺陈列和营销推广方面的一些范例。这些都需要与设计师所要为之设计的消费者保持一致。通常，一个品牌会拥有明确的形象定位，有针对的消费群体，有时还会制定远景，培养消费群体，使消费者有进一步的追求。例如，"如果您拥有这款珠宝，您看上去就会像您内心的理想形象"。

具体内容包括产品目录、线下杂志广告、门店照片、橱窗布置与展示、产品的包装标、网络形象等。

3. 确定首饰的受众对象

明确产品的形象定位有助于设计师在头脑中拥有一个代表形象或特定的消费者，当设计师开始设计系列产品时，将以此作为参考对象，锁定设计方向。他们愿意佩戴这样的首饰吗？他们会怎样搭配它？又将在什么样的场合佩戴它？这件作品能否与他们的风格或身份匹配，并起到锦上添花的作用呢？

八、拓宽设计元素

设计最重要的环节往往是了解需求——细化需求、明确需求，充分了解需求方的真正需要，才会针对性地思考和执行，有时需要"断舍离"，有时则需要拓宽设计元素。以下几点，作为参考。

（一）兼具美观、功能与实用价值

首饰的美学价值和艺术效果往往取决于材质的选择和搭配；外观的美感来自造

型的设计和对材料的加工。然而，不论设计的外观多么具有美感，最终还是与人密切关联。首饰设计的美学价值最终是为了体现人的气质涵养，显示人的身份特质，体现人的性格魅力。因此，首饰设计是实在的美学，需考虑形质兼备，为人所用。

（二）以人体工程学为导向

作为一名首饰设计师，设计中应该始终思考作品以何种方式能更好地修饰和装饰人体。首饰的结构和材料是否能贴合人体，让人们愿意去佩戴？因此，在这个过程中运用一定的真实材料进行打样与仔细研究至关重要。

（三）重视自我表达及文化内涵

首饰设计风格可以模仿，但如果作为一种具有独特观点的表达，那么作品的精神内容是不可复制的。如今的消费者越来越多地在为一种文化和理念买单。而首饰更不只是单一的物质消费。因此，虽然设计是以服务为本，但需要重视自我表达及文化内涵，从而与消费者的自我生活方式和价值观产生共鸣，更需要出现能够引导消费者的作品。

因此，首饰设计中的文化内涵已经逐渐成为消费者关注的重要设计元素。在这种导向的驱使下，越来越多的首饰设计公司和品牌愈加重视产品背后的品牌文化。

九、优化设计（细节、材料、工艺）

优化设计是从多种方案中选择最佳方案的设计方法。优化设计更侧重从后续加工输出环节确认设计细节、材料选用以及工艺可实现性等环节等入手，为了设计最终落地提供实际的技术上的全部支持。例如，首饰结构的调整与升级，某些卡扣和连接处可采用何种方法来完成？

一旦设计方案走向最终成品阶段，需要首先考虑的原则是达到材料在力学方面的要求，如这件首饰的强度、重心、韧性等；以及各种材料在高温或高压工况下能否达标，并且要考虑到生产对象的加工性能。有的宝石本身属性较脆弱，其镶嵌方法该如何选择？金属焊接时的温控、电镀等过程中的参数细节等。总之，在优化设计的过程中，需要反复与后续输出加工端进行细节沟通，在比对过程中对设计的最终可行性做出评估和修改。

在设计过程中，遇到不常见的材料或是难以实现的材料时，不要急于推翻创意，而是需要仔细分析一下通过这样的材料想要达到什么样的效果。

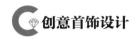

十、研究用最好的呈现方式让设计落地

首饰之所以给人们带来精致感，除去其本身的华丽与美感，完美的陈列方式功不可没。

经过上述各项设计环节之后，一件或一系列完整的首饰作品孕育而生。在为此心潮澎湃的同时，设计师还需要思考如何用最好的展示方式来呈现，既能完美呈现设计作品的魅力，又与主题相得益彰。

（一）摄影技巧

在首饰摄影中，珠宝首饰因其体量微小、结构复杂，金属、宝石等材质产生反光，对摄影师的要求较高。因此，应尽量选择有专项拍摄经验的摄影工作室或个人。如果是少量且无须投放大量广告的作品拍摄，设计师可自行购置一些摄影工具协助完成拍摄任务，即布置一个微型的摄影棚。

如果是有品牌需求的高精度优质作品拍摄，需要模特等加入，那么就需要与相关的专业团队合作。拍摄有棚拍、外景等多种需求，也涉及服化等细节。如果合作的是专业的拍摄团队，还需要洽谈后续的选片、修片等。这些情况下最好是有稳定的合作方，以确保最终的拍摄效果及成本把控。首饰摄影的基本要求：

1. 避免直射光

因为珠宝大多数属于金属材质，且体积较小，用直射光线容易曝光过度，造成细节损失。因此，拍摄珠宝首饰的时候常以柔光箱布光。

2. 摆放美观

珠宝的拍摄效果取决于如何摆放作品。如戒指、手镯这类产品，可以用双面胶或者泥塑胶将其立起来，后期修图时再将辅助物除去即可（图3-38）。

3. 布光

为了避免珠宝首饰过度反光，布光时一般以描图纸为主。黑、白、金、银反光板（图3-39），聚光灯，柔光灯等为辅助材料。

图3-38 朱佳敏作品

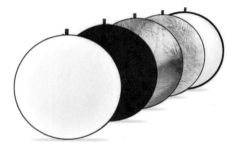

图3-39 摄影反光板

4. 刻面及弧面宝石的布光

如钻石一般的刻面宝石因为有许多的切割面，因此要想拍出闪闪发光的画面，需要应用补光的方法。若需要消除反光，则可以用无缝纸在摆放好的首饰上方及周围支架起一顶"帐篷"。弧面宝石和水晶要突出它的通透感，在拍摄中可采用直射光，但是用光要柔和。可以将描图纸遮挡在聚光灯前，以软化光线（图3-40）。

5. 首饰金属部分的布光

金银首饰要拍出其色泽和金属本身的质感，大多使用直射光（图3-41）。同时在特定的角度进行补光，突显金银首饰表面造型的坚挺或圆润。可以根据需要，结合使用各种金、银、黑、白等小型反光板。

6. 镜头选用

在珠宝首饰的拍摄中，以微距镜头为主。选择镜头焦段为90mm、100mm、120mm、180mm，100～120mm会有较佳效果。从相机角度而言，尼康的画质感更锐利，适合拍产品，佳能则更加柔和，大光圈的虚化效果更柔美，适合结合人物的拍摄。

7. 布景

通常珠宝首饰需要传递出高贵感，背景常选用较暗的、饱和度较低的颜色或渐变灰色，根据主题需要也可以选用纹理材质的背景。总之，最终画面效果应简洁且富有层次感，切记不要喧宾夺主（图3-42）。

（二）系列感呈现

在设计制作之前，作品的数量直接影响作品的统一感。通常，作品的数量在3～5件较为合理，建议不要少于3件作品。因为数量过少，展示时不论是在体量感还是整体性上都显得微

图3-40 李倩然作品

图3-41 邵陈佳婧作品

图3-42 张楷作品

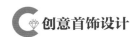

弱，不利于展开现设计想法和主题立意。如果前面的环节很丰满，最后的陈品却很弱化，会给人虎头蛇尾之感。虽然数量不是绝对的基准，但如果是系列性的设计作品，如果作品丰富，则每件作品都会从不同的形式、个性特点，以及视觉效果上体现出设计主旨，整体又和谐统一（图3-43、图3-44）。

（三）佩戴方式

最终的首饰佩戴方式也属于作品展示的重要环节，合理的佩戴方式也能强化作品的设计理念等。不论是项链、耳环、胸针、戒指还是特殊佩戴方式的作品，在佩戴方式上都需要检验是否符合人体的基本形态和运动规律（图3-45）。

（四）创作过程展示

从设计到最终制作为成品，过程记录是非常有意义的，因为在任何一个创意的诞生过程中，每个步骤都环环相扣，是呈现最重要信息的部分。每件作品配合制作过程的展示，会使整套作品更加的饱满，也宣示了该作品的原创性和独特性（图3-46、图3-47）。

图3-43 《平凡篇章》，作者：孙蓓贝

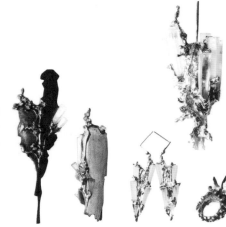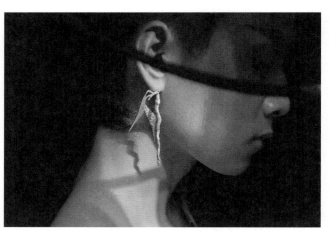

图3-44 李霄煜作品

图3-45 张若琳作品

金属部分创作过程

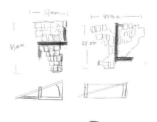

使用金属浇铸的方式制作老建筑局部元素放置在首饰模型上。

比如窗户、围栏、砖瓦等，提取相关元素，将其简化变形，与几何形状结合，绘制草图。

图3-46 金属部分创作过程展示

建筑模型部分
草稿创作过程

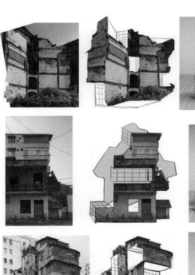

根据之前的创作构图，以照片作为切入点，用建筑照片为原型绘制立体载体的初稿。

根据草图用PVC板材进行了模型制作，完善图纸无去看到的立体形态，方便之后建模时调整形态。

最后进行三维建模制作，参考纸膜形态，进行完善，修正不合适的体块。镂空与实体平面结合，错落有致，视觉上更加美观。

图3-47 整体建模创作过程展示

　　上述内容是对首饰设计的创意过程做了一个整体性的阐述。总之，想要做出好的设计，设计师应该在对完整的策划与巧妙的文案的理解基础上，经过仔细推敲，找到精确的视觉语言和工艺表现方法来进行视觉化的表现。这些都需要设计师不断从优秀案例中总结，综合宝石学、设计学、传播学、工艺制作等多方面的知识，并通过不断地拓展眼界、收集灵感来拓展思维。通过大量的思考与实践，最终收获的将不只是实现创意时爆棚的成就感，更是更为珍贵的专业知识和创作经历。

CHUANGYI
SHOUSHI
SHEJI

第 四 章

首饰设计元素提取与应用

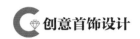

通过之前章节的陈述，已经了解了首饰创意设计的整体过程，即一件首饰设计作品如何通过前期调研来明确设计目的及要传达的意图；并通过整理明确具体的灵感来源，通过视觉日记的记录深入分析设计切入点并绘制初步的草图，以及如何将设计概念与理念进一步提升与凝练，最终走向设计的落地环节。本章将通过大量实际案例的分析，对首饰设计中的构成要素与表现手法进行探讨。

首先，从提取设计元素入手，结合构成学原理知识，有效地将捕捉到的素材转化为设计可用的视觉元素，并且概括凝练为既符合审美规律又具有鲜明个人特色的视觉语言。这往往是首饰设计中最先要找寻的要素，目的是为造型与形态的构建提供最为基础的素材。同时，通过针对性的练习，将原本依赖平面描摹物体的思维方式，转化为在三维空间的视角下重新观察物体的思维模式。

其次，在确定设计物件的造型后，可赋予设计对象细节的装饰。一件独特的首饰设计作品，不仅要具有合理的造型与形态结构，其表面的装饰与细节也能带给人独特的触觉感受和内心体验。

最后，通过案例的讲解与分析，深入体会首饰作品背后创作者所要传达的情感要素，从单纯的形式美过渡到运用形式来表达内里的感受，学会思考哪些创意要素能够触发人们的内心情愫，为后续体现设计主题和拓展首饰设计的外延做好铺垫。

通过本章节的学习，不仅可以对首饰造型及构成要素的形式美有更进一步的理解，而且对首饰设计的内涵表达有更为深入的思考，提升设计的独特性。

第一节 首饰设计的形态要素

一、形态要素概念

形态指物体可见的形状或结构，从物理学层面而言，形态是指在空间几何或三维维度之下的一种状态。首饰作为一个实体的物件，研究其存在于三维空间下的某种状态和结构，是首饰设计的重要开始。从某种意义上而言，首饰设计是研究形状、结构、质感、色彩在空间中相互关系的一门构成学学科（图4-1）。

当首饰与佩戴者产生关系时，材料本身的特性又触发人们的触觉及其他感官感受，给佩戴者带来微妙的心理和情感变化。从旁人视角来看，身体与首饰之间的联结形成了更为宽泛的构成关系。当佩戴者从主体视角出发时，首饰的形状、颜色、重量、质感、触觉等细节组合后带来的视觉冲击力和触觉感受是多维度，且直击内心的（图4-2）。由此可见，所有不确定的形态要素在设计中并无美丑之分，而是在整体关系的建立中起到相互支撑的作用，设计师需要运用自己的美学知识和构成学原理，发现最具有美感和贴合设计主题的组合方式。不断尝试、不断完善才是设计过程中最值得期待的部分。经过反复推敲而得到的构成关系，不仅具有形式上的美感，也在无形之中传达出设计者自身对美的感受及其丰富的情感表达，赋予首饰独特且鲜明的个性化特征。

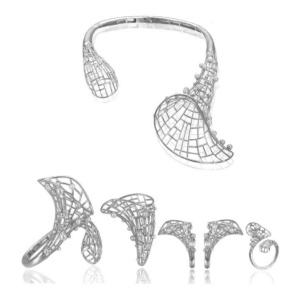

图4-1 《Memory》，材料：925银镀18K金、珍珠，作者：孙燕欣

二、基本形态构成元素

（一）形态构成元素

设计元素相当于设计中的基础符号，不同行业的设计有不同的设计元素。设计元素是为设计手段准备的基本单位，可以概括为基本概念元素：点、线、面。

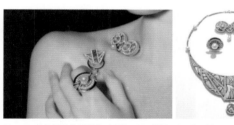

图4-2 《泰姬陵的畅想》，材料：925银镀18K金、锆石、苏绣、珍珠，作者：梁姝曼

在现代设计的范围内，任何一个独立的设计成品都可被拆解为最基本的设计元素，首饰设计亦是如此。所有设计元素的选择与搭配，都是为了更好地表达设计意图。从理论角度而言，点、线、面、体的构成知识属于构成学范畴[1]，但在首饰设计实际运用时，会发现倾注于这些基本构成元素的推敲的实践，最终决定着该作品在视觉上所呈现出的完美性。成熟的首饰设计师与艺术家们，会为了更好地表达作品而孜孜不倦地寻找更好的构成关系（图4-3）。

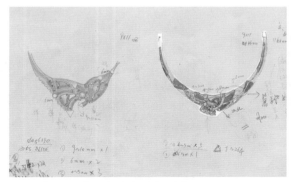

图4-3 《20.50.80》手绘设计稿，作者：李佳丽

---

[1] 构成学：首先研究"形"的可塑造问题。"形"的概念包括三维空间里三维立体的"形态"和二维平面的"图形"。

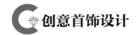

（二）课程练习

通过实践的方式暂时跳脱出纯理论的概念，从直观体验出发，感受首饰设计中主要设计元素之间的构成关系及多样的组合方式。

通过此项练习，可以有效地帮助初学者对不同材料之间所产生的全新组合关系的认知，通过完成练习的整个过程获得创作的乐趣，从而激发自身主动思考美感背后的构成关系及最佳装饰效果。

1. 课程练习（一）：构成材料与构成美

（1）目的：通过对5件任意物品选择、组合与搭配，发现形态要素在三维空间维度下彼此之间构成的美感，从而有效与理论相结合，加深对构成原理的理解。

（2）工具：基础绘图工具，剪刀、刀片、速干胶、喷漆、丙烯颜料、A4白卡纸。

（3）材料：任意5件物品（自然界现有的物品和人造用品）。

（4）步骤：

①在40分钟内，从身边熟悉的环境中寻找5件物品（尺寸不宜过大，适合人体佩戴）。

②在90分钟内，根据审美原理将物件进行任意的组合，可以改变颜色和形状。

③然后，用20分钟的时间，将完成的物件摆放在卡纸上，并调整细节以达到视觉上的平衡和完美性。

④展示最终物件并彼此讨论，进一步思考具备美感的要素。

⑤学生作品展示（图4-4～图4-11）。

图4-4　干花、干树叶、玻璃、颜料染色

图4-5　干菊花、干树叶、玻璃、颜料染色

图4-6　包装纸、珠子、石头、颜料染色

图4-7　梨、蕾丝、树叶、颜料染色

图4-8　树皮、花蕊、颜料染色

图4-9　纽扣、纸、树叶、回形针、颜料染色

图4-10　人脸模型、木块、皮绳、颜料染色

图4-11　玻璃、易拉罐拉环、木头、石头、颜料染色

　　练习结束后，持续收集各类材料并经常反复进行以上的练习，会大大提升我们对材料的挑选及应用能力。

　　2. 课程练习（二）：四步练习逻辑关系的整理

　　（1）目的：通过选择物品（任何一件自身感兴趣的物品），深入对其的观察与慢写描绘，从不同角度观察后，尝试找到最为核心的设计基本要素，并运用已学的构成方式来构建新的首饰造型。深入思考，找出其中的逻辑关系，并记录下来。

　　①寻找设计素材（以实物为主，尽量避免使用被设计过的作品）。通过慢写等描摹方法，深入观察物件。

　　②从多个角度分析物件的主要构成方式，并且进行新的组合尝试，记录下来。

　　③选出最为满意的形态要素。

　　④应用构成法则进行设计重组，最终形成一款首饰。

需要参考和注意的是：这个练习的目的是帮助学习者思考物件中最具特征的特质，以及如何将其发展为一件首饰之间的逻辑关系。因此，初期无须过于纠结首饰设计的完美性，以记录想法为主。

（2）学生作品展示如图4-12～图4-15所示。

萨尔瓦多·达利和他的作品

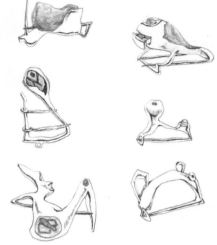

通过描摹他的作品，绘制出自己的人物肖像　　　　根据绘画风格设计出胸针

图4-12 《四步练习》（一），作者：郑蓝森

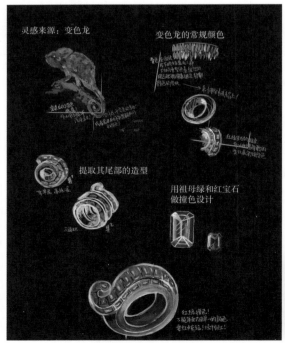

图4-13 《四步练习》（二），作者：陆嘉楠

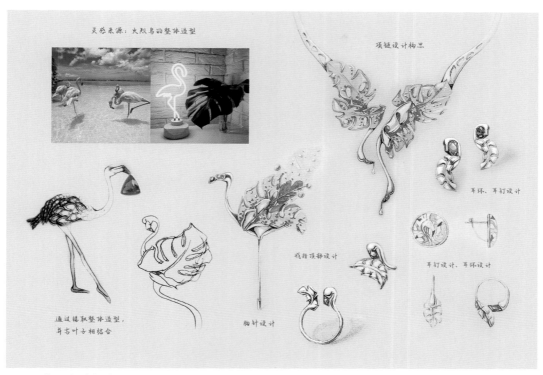

图4-14 《四步练习》(三)，作者：李可馨

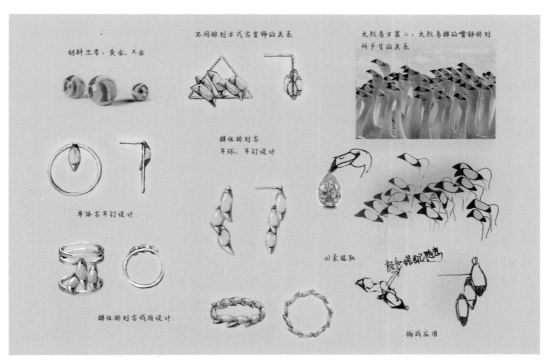

图4-15 《四步练习》(四)，作者：李可馨

在此，视觉日记本起到了重要的作用，它能记录设计者最初的感受、原始的数据及许多鲜活的一手素材。整理的起初想法或许并不明了，甚至混乱、无头绪，但请不要因追求完美的压力而陷入纠结和焦虑的状态中，只需要继续大胆尝试即可。

以上两个方法可以独自反复练习，并且多角度去思考。因为首饰设计的基本任务就是对造型、材料、工艺、功能、意涵的综合处理。坚持对材料、颜色、工艺等方面进行反复的分析与探究，能逐渐形成一定的洞察力，会加速发现有价值的设计元素及设计切入点，也能有效地将构成学原理更精准地应用到新的设计作品中。

三、形态要素案例分析

（一）点

1. 点的概念

细小的形象叫作"点"。点可以表达疏密、聚散、方向。从点的作用来看，点是力的中心。

（1）点立体的视觉特征：活泼多变，具有很强的视觉引导和集聚的作用。在造型活动中，点常用来表达强调和节奏感。

（2）点与点的关系：点的有序排列，产生连续和间断的节奏和线形扩散的效果。点与点之间的距离会产生积聚和分离的效果。

（3）点的空间变化：由大到小排列的点，产生由强到弱的运动感，同时产生空间的深远感，能加强空间的变化，起到扩大空间的效果。点排列成线、放射成面、堆积成体。

2. 案例分析

（1）单点：为何人们总喜欢大克拉的宝石？当某件首饰中只存在一个点时，其产生的集中力能使视线聚集，形成很强的视觉吸引力（图4-16）。抛开钻石本身的价格、价值等因素，从视觉上产生的冲击力而言，点的体量越大越吸睛。因此，在设计时，需要考量设计中元素对于佩戴者而言所产生的心理需求。

（2）两点：当画面中出现两个点的时候，两点之间会自然地产生一种视觉张力，这种视觉张力容易引导人们的视线

图4-16　不同克拉数的钻石在佩戴时的视觉效果

移动，从而形成视觉流程。这个视觉要素也是首饰设计中十分常见、巧妙的设计切入点（图4-17）。

（3）点的不同组合：由于点没有固定的大小和形状，因此通过点的大小对比、疏密集散等不同组合，能够带来不一样的视觉体验（图4-18）。在首饰设计中，宝石作为"点"元素的实体，起到重要的视觉引导作用。将点按照一定的方向进行有规律的组合编排，能够带来流线效果（图4-19）。

这些基本造型元素经过发展演变而多样丰富，研究其作用及元素之间的组织关系能够带来不同的视觉及心理感受。例如整体、平衡、比例、运动感、时空感、节奏感、秩序感或冲突感等。重点：在结合首饰设计的时候，我们不仅需要思考首饰的二维造型要素及彼此之间的关系，还需要思考首饰自身的三维造型要素以及与佩戴者之间形成的整体空间关系。

3. 案例欣赏

（1）案例欣赏（一）：以藤蔓与果实作为灵感来源，主要提取点作为设计元素，应用构成原理对单点的位置与线的穿插关系进行深入分析，最终完成首饰创作的构思（图4-20）。

（2）案例欣赏（二）：以果树和消融的冰雪为灵感来源，提取单点和多点的组合进行深入设计，通过应用构成学原理，将点的疏密关系、大小对比与首饰相结合，完成首饰创作的构思（图4-21）。

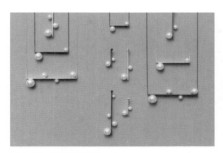

图4-17 引导视线移动

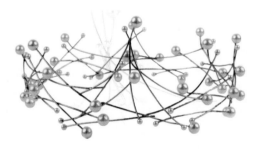

图4-18 点的疏密、大小形状所带来的不同视觉体现，作者：黄小倩

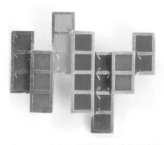

图4-19 点的有序排列带来线的移动效果，作者：荆柏尘

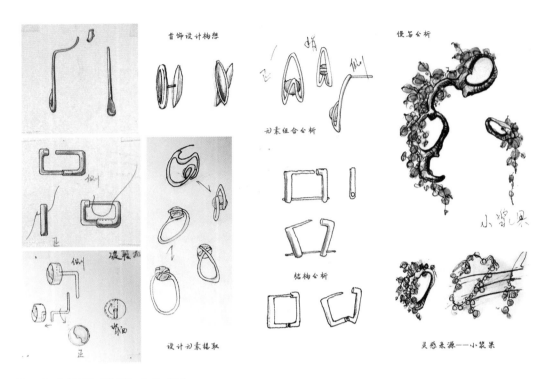

图4-20　单点元素与首饰设计，作者：孙淼

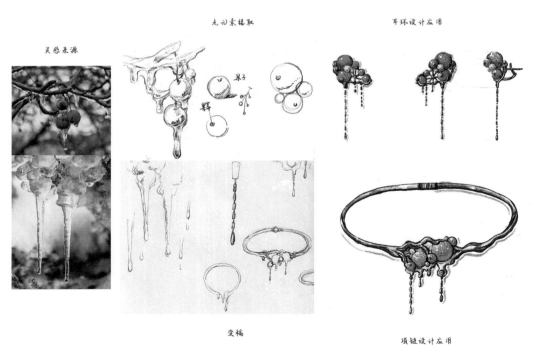

图4-21　点的聚散首饰设计，作者：汤思群

（3）案例欣赏（三）：以月全食的过程作为灵感来源，提取月球在不同阶段被遮挡的形状所形成的景象作为元素，以点的圆、缺形状组合进行深入的设计，通过应用构成学原理，完成首饰创作的构思（图4-22）。

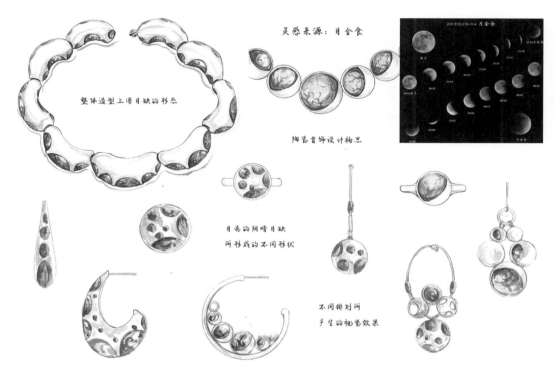

图4-22 点的"圆缺"所构成的首饰设计，作者：翟睿

（二）线

线是移动的轨迹，是一切面的边缘和面与面的交界。作为点的延伸轨迹，线同样具有点的灵活、张力作用的特征。在形态学中，线的长短、宽窄都是相对而言的。从线的性格而言，直线表示静，曲线表示动，曲折线有不安定的感觉。线的种类大体有两种：一种是直线，另一种是曲线。

1. 直线

直线有着男性化的象征。因此，具有简单明了且直率的性格。它常表现出一种力量美。线越粗，则表现力越强，单线会显得粗笨；细直线则显得秀气，但有神经质及敏感的感受；锯状直线会给人以焦虑、不安定的感觉（图4-23、图4-24）。

从线的方向来说，不同方向的直线也会反映出不同的感情性格。垂直线具有严

图4-23　使用黄金分割点方式中直线运动规律，作者：金嘉焱

图4-24　直线为主体与首饰设计，作者：戚同熙

图4-25　线的发散与首饰设计，作者：史梦莹

肃、庄重、高尚等性格；水平线则具有静止、安定、平和之感；斜线有着飞跃、向上或冲刺前进的感觉。

2. 曲线

曲线一般为女性化的象征，它与直线相比更有一种温暖的感情性格。曲线的速度感较为缓慢，带来动力和弹性的感受。曲线通常也会带来柔软、幽雅的情调。

线的构成方式有很多，可连接或不连接，也可重叠或交叉等。依据线的特性，在粗细、曲直、角度、方向、间隔、距离等排列组合上会变化出无穷无尽的效果。总之，不论是曲线还是直线，线在构成及造型中有着极其重要的作用，它具有明确的方向性、延续性、远近感力度及速度感（图4-25）。

在首饰设计中，开放性线与闭合性线的使用也非常频繁，几乎每一件首饰都离不开线的使用。设计时，需要注意实体线的材质，金属线通常硬度较强，设计时要尽量避免开放性线的使用，以免划伤人体（图4-26）。

线的立体作用：因线的粗、细、直、光滑、粗糙不同，会给我们带来不同的心理感受。线通过集合排列，形成面的感觉。通过疏密的排列可以形成空间中的"灰面"（图4-27）。

3. 案例欣赏

（1）案例欣赏（一）：从乐器与音符及旋律作为灵感来源，主要提取线作为设计元素，应用构成原理将封闭规则的曲线进行深入分析，同时与点元素结合，最终完成首饰创作的构思（图4-28）。

（2）案例欣赏（二）：以藤蔓作为灵感来源，主要提取线作为设计元素，应用构成原理，模仿的缠绕结构，并且通过粗细变化的调整，最终完成首饰创作的构思（图4-29）。

（3）案例欣赏（三）：作者继续将线的变化与蝴蝶翅膀的造型相互结合，最终创作出十分独特的首饰作品（图4-30）。

图4-26 曲线的粗细变化与首饰设计，作者：蒋宛均

图4-27 线的立体作用与首饰设计，作者：利巧瑶

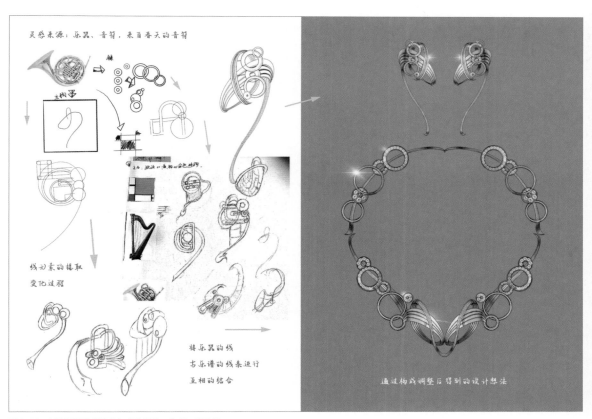

图4-28 封闭规则曲线组合与首饰设计，作者：杨诗懿

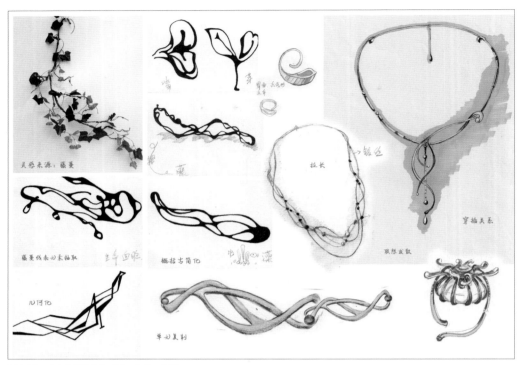

图4-29　自由曲线组合构成法，作者：张丽

图4-30　《重生·一世代》，作者：张丽

（三）面

1．面的概念

面是由线的连续移动至终结而形成的。面有长度、宽度，没有厚度。

2．面的三种基本形

正方形、三角形和圆形。正方形的特点是表达垂直和水平；三角形的特点是表达角度和交叉；圆形的特点是表达曲线和循环。由此派生出来的长方形、多边形、椭圆形等都离不开这三种基本的特点。

3．面在造型学上分

分为积极的面和消极的面两种。面的构成也有多种方式，利用数学法则、定律构成的形称为"几何形"（图4-31）；有机形的面是一种不能用几何方法求出的曲面（图4-32）。

4．面的形态

（1）实面：二维和三维中充实的面（图4-33）。

（2）虚面：平面构成的"底"经过图底反转可视为虚面，立体构成中的虚面则可通过对体块的处理得到（图4-34）。

（3）线化的面：当面的长、宽比较大时，面就转化成线。在首饰设计中，由于首饰本身为实体，并非二维平面的存在。因此，首饰设计中的面更应该看作是具有相应厚度的体，有厚薄之分（图4-35）。

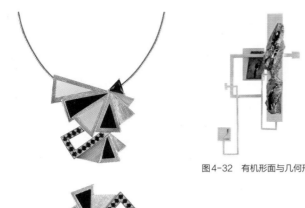

图4-32　有机形面与几何形面的构成关系与首饰设计（胸针、耳钉），作者：江诗嘉

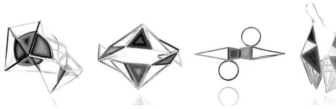

图4-31　几何形面（薄的体）与首饰设计（胸针、耳钉），作者：马怡慧

图4-33　几何形面的空间构成关系与首饰设计，作者：金子旋

图4-34 有机形面首饰设计，作者：刘子怡　　　　图4-35 有机形面首饰设计，作者：梁梵

5. 案例欣赏

（1）案例欣赏（一）：从纸带的折叠汲取灵感，提取薄面的形状作为设计元素，应用构成原理将薄面进行折叠、穿插与弯曲，同时与点元素结合，最终完成首饰创作的构思（图4-36）。

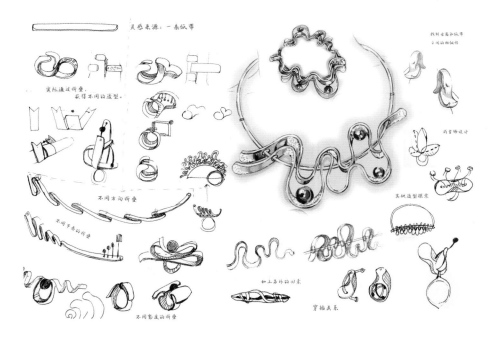

图4-36 面的折叠、穿插、弯曲构成关系与首饰设计

（2）案例欣赏（二）：以台阶及苔藓作为灵感来源，主要提取面作为设计元素，应用构成原理将台阶的排列关系与曲面结合，同时增加苔藓的几何形态作为装饰，最终完成首饰创作的构思（图4-37）。

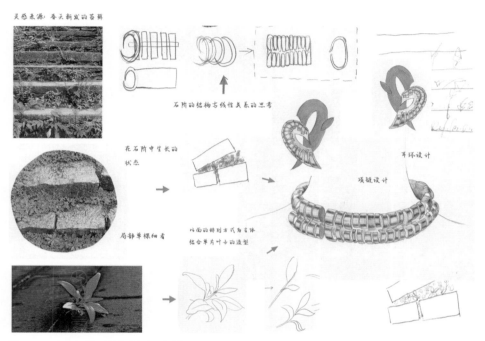

图4-37　几何面与有机面的构成组合，作者倪晨

（四）体

1. 体的概念

实际上，任何形态都是一个"体"。体在造型学上有三个基本体：球体、立方体和圆锥体。根据构成的形态区分，又可分为半立体、点立体、线立体、面立体和块立体等几个主要类型。

（1）半立体：具有凹凸层次感和各种变化的光影效果。

（2）点立体：具有玲珑活泼、凝聚视觉的效果（图4-38）。

（3）线立体：具有穿透性、富有深度的效果，通过直线、曲线以及线的软硬可产生或虚或实、或开或闭的效果（图4-40）。

（4）块立体：具有厚实、浑重的效果（图4-39）。

在首饰设计中，商业首饰限于其成本要求，通常较少出现体量感很大的设计。然而在艺术首饰设计中，单体会通过对称、翻转、堆叠等方式重复出现，多种组合方式给人以较强的视觉冲击力，也加重了"观者"的心理感受。值得注意的是，

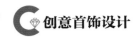

图4-38 点立体与首饰设计，作者：孙添钰

图4-39 几何立体与首饰设计，作者：王炜杰　　　　　　　图4-40 线立体与首饰设计，作者：蒋宛均

在实际加工过程中，需要十分注意整件首饰的重量，以确保最终的成品适于佩戴。

2. 案例欣赏

以分子结构、几何元素作为灵感来源，通过将其立体化并改变排列方式，构成新的体块组合关系，最终完成首饰创作的构想（图4-41、图4-42）。

在不同造型要素的组合过程中，"重力"是区别二维造型与三维造型的关键要素。根据立体构成原理，所有立体的造型必须要"立"得住，并且有一定的牢固度，否则无法承受外力的影响。因此，即便是首饰设计，在立体造型过程中也必须建立在满足物理学重心规律的结构基础上，否则就不能成立。同时，首饰设计还需要考虑到佩戴的可行性，其中，整件首饰设计的体量与重量是十分重要的设计要素（图4-43）。

3. 课后练习：立体化造型练习2D至3D

（1）目的：通过该练习可将最基本的造型元素单体立体化，经过组合后构件出一个物件，并将其与金属工艺结合，最终完成简单的首饰单品。在此过程中，对首饰造型进行训练，对其中的逻辑关系进行梳理。

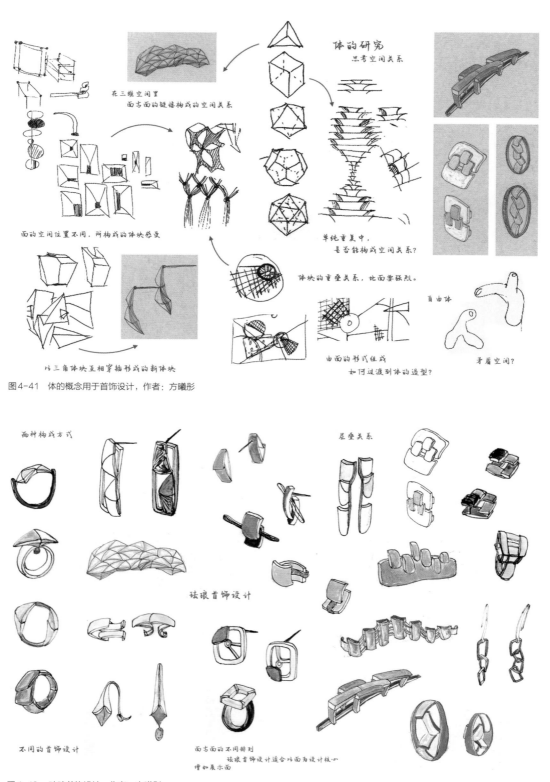

图4-41 体的概念用于首饰设计，作者：方曦彤

图4-42 珐琅首饰设计，作者：方曦彤

图4-43　首饰设计中重心与体量的思考,《追飞机的人》,作者：黄婧玮

（2）工具材料：

①250克A4卡纸（颜色自定）。

②剪刀、刀片，圆规、直尺、曲线板。

③固体胶、双面胶。

④金属片材：紫铜、黄铜或925银（根据需要），厚度为0.8mm。

（3）步骤：

①单个造型元素的立体化。（运用折、切等造型方法）。

②两个为单位，造型元素组合，选出其中一个单体，进行组合，完成至少三种组合方案。深入调整比例关系（大小、空间划分等的合理性）。

③以基础构成关系为参照，结合金属工艺将其首饰化（根据个人的工艺水平由浅入深）。

4. 学生课堂作品展示（图4-44～图4-46）

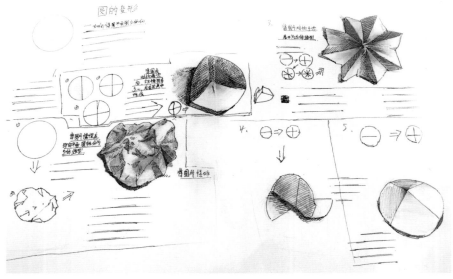

图4-44　以圆形为基本元素，通过折的方法使其立体化

图4-45　以圆形为基本元素，通过切、折的方法使其立体化，最终完成首饰部件

图4-46　整体展示

第二节　首饰设计的色彩要素

一、色彩要素

在首饰设计领域，色彩一直是设计时必须使用的要素。

从色彩学的角度而言，任何物体都具备两大特质：固有色和与光线色彩相结合的环境色。人们对于色彩的心理感受与体验往往来自对色彩的物理属性的直观感知，即色彩的三大属性，色相、明度和纯度。

（1）对比色：互补色毗邻，两色饱和度明显提高，对比强烈。其功能为提高人的注意力和兴奋程度。

（2）相似色：即相近色，指在色环上90°角内相邻接的色统称为相似色（图4-47）。

（3）不透明与半透明色：不透明的色彩相较半透明色彩具有更强烈的视觉冲击力。

从色彩心理学的角度而言，色彩对人的情绪有着最为直接的影响。亮丽、明艳

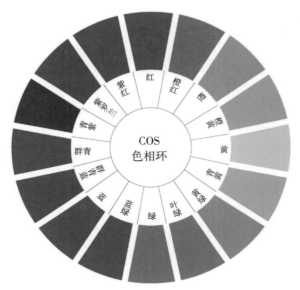

图4-47　色环参考

的色彩总能带给人快乐、兴奋、活跃的情感体验；而朴素、低饱和度的色彩则与宁静、节制、静谧等情愫相关。在不同的设计领域，色彩的合理使用能快速使人联想并感知到某种性格、情绪、行业属性等。同时，设计师对色彩的选择和表现方式也直接影响着品牌的调性，对于消费者无疑是一种隐性的吸引力。

二、首饰材料与色彩的应用

在首饰设计中，金属、宝石等传统材料的固有色本身就极具视觉感染力。同时，随着当代首饰设计的发展与现代材料的日益多样，设计师们通过研究与众不同的材料和技术建立个人的设计风格已成趋势。其中，对不同材料搭配进而形成的色彩，在首饰设计中的应用也日益丰富，且具有个性。在高级定制及商用珠宝设计中，色彩更能增加首饰设计的丰富性，激发人们的购买欲望。而在艺术首饰设计中，色彩应用的跨度更为广泛，这也与设计师和艺术家们所选用的材料的多样性有直接关联，以此为其独特的传情达意的方式。

（一）金属

在首饰设计中，金属分为贵金属与非贵金属。贵金属自古稀有，就质感属性而言，其延展性、可塑性更强，质感更显华丽，抛光后更富光泽。从色彩的角度而言，可简单分为暖色系与冷色系。

非贵金属相较贵金属而言，因其价值较低、延展性较差并不被广泛用于首饰设计。但在当代首饰创作及带有研究性目的的首饰创作中可见许多非贵重金属的身影。非贵金属的色彩不仅以冷、暖色为分类依据，钛、铝金属在通过电极反应后更呈现出彩色的效果。其中，暖色显得华丽、富贵，例如金和铜；白色雅致、含蓄，例如铝和钛；青灰色显得凝重、庄严，例如青铜（首饰设计中常用的金属分类及色彩图详细列表请参见第六章商业首饰设计）。

（二）有色宝石

提及宝石的色彩，其丰富性堪称用任何物质和人工方法（绘画手段）都不能比拟。彩色宝石作为首饰中最具有色彩魅力的材料，其最大特征便是具有与生俱来的天然颜色，赤、橙、黄、绿、青、蓝、紫，自然界所有的颜色在宝石中都能够找到（图4-48）。由于彩色宝石品类繁多，每一种类别的颜色浓淡、深浅、透明度均不相同，并非简单篇幅描绘能够包罗囊括。建议查考更为全面与详解的书籍，此处概要宝石的一些色系及在设计中的部分搭配和应用方式。

（1）案例欣赏（一）：弧面宝石与刻面宝石搭配法（图4-49）。

| 圆形钻石 | 心形白钻 | 梨形白钻 | 椭圆形白钻 | 枕形白钻 | 正方形白钻 | 肥方白钻 |

| 石榴红 | 橙红色 | 玫红色 | 浅粉色 | 浅黄色 | 绿色 |

| 苹果绿 | 橄榄绿 | 橄榄黄 | 坦桑色 | 蓝色 | 海蓝色 |

| 紫蓝色 | 紫红色 | 变蓝色 | 咖啡色 | 黑色 | 白色 |

图4-48　彩色宝石概要图鉴

（2）案例欣赏（二）：相近色宝石搭配法（图4-50）。

（3）案例欣赏（三）：撞色宝石搭配法（图4-51、图4-52）。

（三）多元化材料

多元化材料本身具有丰富的颜色。搭配与组合带来的色彩效果亦是惊人的。在当代首饰设计中，这一特征得到充分的体现。例如玻璃、陶瓷、木头、骨骼、纤维、硅胶、树脂等材料的介入，让首饰的色彩更具有独特性，给人带来不同的心理感受。

（1）案例欣赏（一）：玻璃首饰色彩（图4-53）。

（2）案例欣赏（二）：纤维首饰色彩（图4-54）。

（3）案例欣赏（三）：木材首饰色彩（图4-55、图4-56）。

（4）案例欣赏（四）：树脂首饰色彩（图4-57、图4-58）。

图4-49　弧面宝石与刻面宝石首饰设计，作者：赵智乐

图4-50　相近色宝石首饰设计，作者：南子昂

图4-51　撞色宝石首饰设计，作者：闵晓雯

图4-52　撞色宝石首饰设计，作者：李艾伦

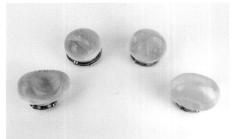

图4-53　彩色玻璃首饰设计，作者：鲍杨艺

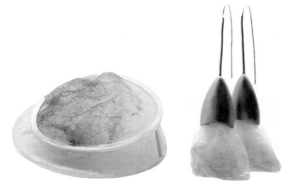

图4-54　无纺布染色首饰设计《染》，作者：王孝

图4-55　木质与银结合首饰设计，作者：胡冲

图4-56　木与黄铜结合首饰设计，作者：钟浩

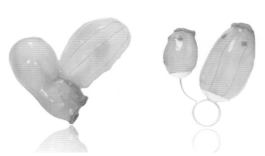

图4-57　硅胶与首饰设计《蓝梦》，作者：廖文清

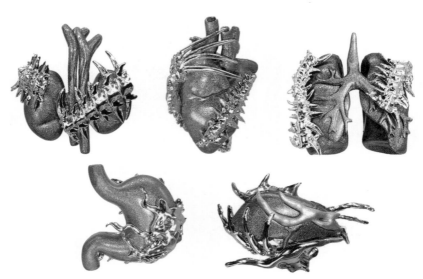

图4-58　树脂结合首饰设计《续·合》，作者：陈雯

图4-59 《日本游记》喷漆，作者：傅璐

图4-60 《没有一片叶子是相同的》珐琅漆，作者：王富豪

图4-61 大漆工艺与首饰设计的结合，作者：董佳滢

图4-62 大漆工艺与首饰设计的结合，2008级学生作品

三、首饰工艺与色彩的应用

在首饰设计中，一些特殊的工艺也是赋予首饰丰富色感的手段。

早在公元前的埃及、希腊地区，珐琅就被应用在珠宝首饰上。直至今日，珐琅因其丰富多变的色彩和玻璃质感的色彩层次，仍然是首饰设计师和艺术家们在创作中必不可少的增色手段。另外，我国传统工艺中的大漆工艺与首饰的结合近年来也逐渐得到关注，与漆相关的上色方法还有喷漆、烤漆等。

点翠工艺产生于汉代，为中国传统的金银首饰制作工艺之一，其独特的蓝绿色取自翠鸟的羽毛，由于工艺需要耗费大量的翠鸟，造成了鸟类的灭绝。因此，如今的点翠工艺更多以彩蝶的翅膀或孔雀羽毛等替代材料为主。

近几年，随着技术的发展，铝、钛金属的电极反应为金属带如彩虹一般的七彩颜色、银镀色等工艺也日趋成熟，这些均成为首饰设计中为其增色的工艺方法。

（1）工艺增色案例（一）：喷漆增色工艺与首饰相结合（图4-59、图4-60）。在使用喷漆的过程中一定要做好防护工作，确保空气流通，戴好防护面具以尽量减少喷漆的吸入。在漆的选择上，也可以考虑使用模型漆，建议配合专业的喷枪工具。在喷漆之前，需对金属表面进行一定打磨，起到磨砂的效果，以大大提高漆的附着力。

（2）工艺增色案例（二）：大漆工艺与首饰设计结合作品（图4-61～图4-63）。

（3）工艺增色案例（三）：高温珐琅与低温冷珐琅工艺在首饰设计中的增色作用（图4-64）。高温珐琅与低温冷珐琅虽然都属于珐琅工艺范畴，但两者并非同一种材质，工艺手段也大相径庭。低温冷珐琅属于树脂材料，它是模仿高温珐琅的一种材料，工艺操作易上手，也可省去许多时间（图4-65）。而高温珐琅是将玻璃质的珐琅釉料通过高温灼烧后熔于金属表面，对珐琅釉料的特性、温度的把握等有较高要求。通常需要花费大量时间进行实验，才能达到最终的完美效果（图4-66）。在某些首饰设计中，两者会结合使用，但均能为首饰增添色彩，带给人十分愉悦的观赏体验。

（4）工艺增色案例（四）：点翠工艺与首饰设计相结合（图4-67）。

由于点翠工艺所需用的翠鸟已灭绝，此作品所用的是闪蝶的翅膀。并且结合当代视觉语言，作品整体呈现出十分现代的效果。

（5）工艺增色案例（五）：钛金属和铝染色增色工艺与首饰设计相结合（图4-68～图4-70）。

（6）工艺增色案例（六）：银镀色增色工艺与首饰设计（图4-71）。

图4-63　《上善》大漆工艺与首饰设计的结合，作者：朱贝妮　　　　　　图4-64　高温掐丝珐琅，作者：韩笑

图4-65　低温冷珐琅，作者：马小溪　　　　　　图4-66　《新生》高温手绘珐琅，作者：邵翊恩

图4-67　点翠工艺，作者：陈绚忆

图4-68　钛金属上色首饰设计，作者：刘翊倩

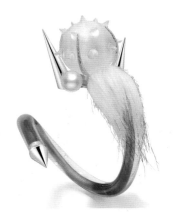

图4-69　铝染色首饰设计，作者：王子妍

图4-70　钛金属上色首饰设计，作者：王富豪

图4-71　银镀色工艺与首饰设计，作者：叶婷

四、色彩与文化象征

在首饰设计中，色彩联想的抽象化、概念化、社会化导致色彩逐渐成为具有某种特定意义的象征，成为文化的载体。

首饰设计以枯山水为灵感，主要选取了日式园林的元素，设计了一系列的胸针，参考了许多枯山水的图片造型，确定了大致形状。其中保留了在沙子上做出的水流形状的高低起伏特征，搭配了形状不规则的小碎石，突出自然的感觉。同时，黑色与暗金色也展示出日本文化中的含蓄美感（图4-72）。

可见，理解色彩如何影响一件首饰作品的视觉冲击力是非常必要的，这也是首饰设计中十分重要的创意设计点。

图4-72 《枯山水》色彩的象征性与首饰设计，作者：陈蓓

第三节　首饰设计的功能要素

　　首饰不仅具有装饰性，自身也具有可佩戴的功能性。在首饰佩戴中，部件不仅仅只具备实用性，例如，胸针的针用来固定衣物，链子用来悬挂等，在设计师眼中，部件本身也是肩负技术功能与艺术审美的功能要素。

　　不论在美学上还是在功能上，设计部件时加入机械开关，或以成组的螺帽作为细节，不仅能在视觉上使作品看上去简洁大气，同时，可拆卸的零部件能改变作品的整体组合方式，使作品产生新的佩戴方式。这些功能要素的添加对于首饰的设计起到了锦上添花的作用，甚至成为作品的特色。

案例分析：可拆分首饰设计（图4-73）

　　许多现代建筑大师在江南传统园林的基础上，结合抽象手法，展现出符合当代审美的现代江南园林。以"园林窗花"为主要元素设计的一套具有江南特征的现代首饰作品，主要材料为银、珍珠、火欧泊。整套作品的珍珠皆可通过机关替换成其他宝石，还可通过机关改变首饰的功能性，追求艺术的同时更具新意。

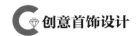

图4-73　可拆分首饰设计，作者：蒋宛均

第四节　首饰设计的材质要素

一、材质要素

材质可以拆解为材料与质感。它是首饰设计从想法走向落地环节中十分关键的要素。材料中的质感因素常常触发人们产生情感和心理感受等。质感是对材料特性的感知，包括肌理、颜色、光泽度、透明度以及它们所具有的表现力，不同的质感会带给人们不同的感知，对材料的探究也是当代首饰设计的方向之一。

在不同的文化背景下，材料的象征意义常常决定着作品的价值。例如，中国人偏爱玉石、翡翠，因其寓意吉祥，质感温润，与君子、儒雅的感受关联（图4-74、图4-75）。在英国维多利亚时代的纪念性首饰中，将亲人的头发经过编织后与首饰设计相互结合，这些材料自身代表着特殊的含义与价值（图4-76、图4-77）。

图4-74　战国时期——西汉时期（公元前475年—公元8年）一个吊坠被雕刻成一条风格化的龙，其活泼地盘绕身体，并以其精致的雕刻细节突出显示。其他两个吊坠均雕刻为凤凰的轮廓，带有微小的圆形眼睛、卷曲的嵴和以点为终点的身体细节

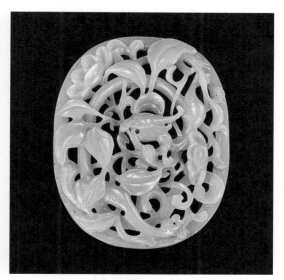

图4-75　明末至清初青白玉镂空穿花螭龙纹饰

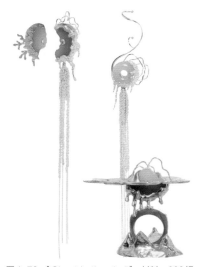

图4-76　《Ghost in the shell》，材料：999银、和田青玉、白玉，作者：胡之曼

图4-77　《Ghost in the shell》，作者：胡之曼

　　在设计领域，天然材料及多种复合材料的结合，一直作为重要的装饰物而深受人们的喜爱，它们在首饰设计中的应用也早有先例，只是多样化的材料多以试验性或艺术性首饰的面目出现。通过对不同特质的有机材料或工业化材料的大胆跨界尝试，不仅大大拓展了首饰的艺术语言，也增加了首饰作为视觉语言的表现力，例如，木质、有机物等天然材料，合成树脂、陶瓷等人造材料（图4-78）。

二、首饰材质设计案例

在首饰设计的过程中，如何加强作品的艺术美感，使其更具视觉冲击力？可以思考通过强化不同材料的质感并试图将其组合起来应用（图4-79、图4-80），这样能够有效提升整体作品的表现力。

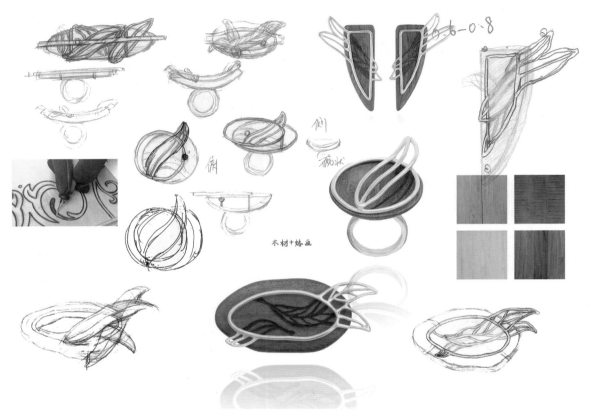

图4-78　木、925银，作者：王笑含

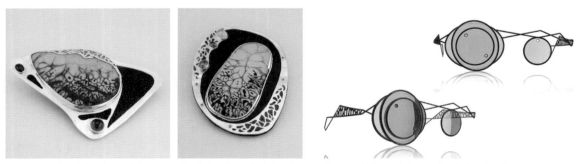

图4-79　玻璃、珍珠鱼皮、天然宝石、925银，作者：薛吕、薛婷（玻璃是薛吕老师的作品）　　图4-80　树脂、亚克力、925银，作者：张承慧

（一）材质应用案例（一）

如图4-81、图4-82所示，两组作品均通过增加金属表面肌理的层次感，在较为单一性的材料上表现出作品的偶发性和独创性。在细节之处，根据整体的感受增加了未经精雕细刻的宝石，甚至通过贴金箔等增加颜色的方法，强化不同材料之间的协调关系或冲撞感等。

（二）材质应用案例（二）

如图4-83所示，作品通过增加不同材料的对比关系，将金属的硬朗与纤维的柔软作为作品的设计重点，使得触感更为舒适和丰富，让佩戴者在心理层面打破了对首饰硬朗、冰冷的固有印象。

图4-81 肌理与首饰设计（胸针、项链），作者：刘泓杉

图4-82 纹理的加强与首饰设计（胸针、戒指），作者：朱珠

图4-83 金属与非金属（纤维）材料 胸针，作者：孙珺

第五节　首饰设计的感官要素

　　五感即五种感觉，包含视觉、触觉、听觉、嗅觉和味觉。尤其在表达观念的当代首饰艺术设计中，不难发现，许多创作中都结合了这样的设计元素，作品十分具有创新意味。虽然首饰设计更多是以视觉、触觉为主导，但是其他感官所引发的联想和感受的结合能更多维度地提升首饰感染力，因此仍被许多商业及艺术珠宝设计沿用。

一、味觉

　　味觉是人体重要的生理感觉之一，在珠宝首饰设计中并不是设计出一款有口感（酸甜苦辣）的首饰以供品尝，而是通过造型、材料、颜色、肌理等与食物的相似性结合，激发观者的"食欲"，产生相关味道的联想。更进一步让人对这款首饰产生心理层面的共鸣，或唤醒"有滋有味"的记忆点。

　　在高级定制商业珠宝领域中，宝格丽（BVLGARI）以其缤纷的彩色宝石著称，曾推出过一系列以水果为背景的珠宝创作作品，所有的珠宝摄影作品都与水果有关，通过味觉的刺激，给人以酸甜可口的内心感受，更衬托出宝石本身的饱满剔透，让人垂涎欲滴的质感（图4-84）。

　　在艺术首饰设计中，也有不少艺术家的作品直接以食物为原型，通过高度模仿其造型与肌理，设计出可佩戴的"食品"，极具特色（图4-85）。

图4-84　宝格丽（BVLGARI）高级定制珠宝

图4-85　可佩戴的"麦芽糖"

案例：《民以食为天》，作者：李姝凝

作品以食材与盛装食物的器皿为设计灵感，将小吃和零食的造型应用于设计中。如小笼包的蒸笼、巧克力糖、项链是以一碟碟的小菜为原型，耳钉则是以月饼、华夫饼和花卷的形象作为参考。作品一经展出，就被老凤祥首饰有限公司的设计总监选中，作为产品生产（图4-86）。

图4-86 《民以食为天》，作者：李姝凝

二、嗅觉

在过去几个世纪里，嗅觉在首饰设计中也发挥着特殊作用。从设计上而言，将首饰的某个主体以容器的概念进行设计，容器中承装带有香味的药材，在佩戴的过程中散发出特殊的香气，把珠宝的装饰功能与嗅觉感官相互结合，让佩戴者获得视觉感官以外的嗅觉享受。

案例：《美人香》，陈伟文

整套的设计重点在于将芳香瓶的概念应用于设计之中，作品中人物脸部的"宝石"被替换为玻璃质的芳香瓶，内中放入了香薰和精油。当佩戴首饰的时候，可以闻香识美人（图4-87）。

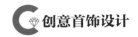
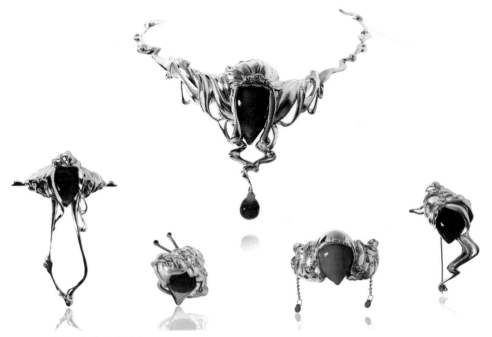

图4-87 《美人香》，作者：陈伟文

三、听觉

　　物体相互发生碰撞时，物与物的接触会引发声响，不同形态的物质、不同结构的组合以及材料的构建，会对碰撞时声音的强弱及音质变化产生影响。在首饰设计中，如果能意识到这一特质，或许这些偶然因素能触发灵感，并成就带有悦耳声响的首饰设计。同时，也可以使用承载声音的物件或与声音有关的设计元素来丰富设计内容，如八音盒、唱机、音符的加入，就能设计出既悦目又"悦耳"的首饰。

案例：《听茗》，作者：黄婷婷

　　设计这套作品的灵感来源于处在一个陌生又巨大的城市里，蜗居于小房间之中，也可以在迷茫疲惫中找到生活的乐趣，布一个小小茶席，泡一杯茶，清神静新。听茗，听体现了此时环境的优雅，也就是听茶水沸腾的声音，用心感受一盏清茶，不仅能够让人闻到茶的香味，还能让人听到好听的声音。证明茶能够给人带来的感受极佳，爱上喝茶的感觉，享受冲泡茶艺的趣味过程，手握一盏青茗，品味自己的感悟和沉淀（图4-88～图4-91）。

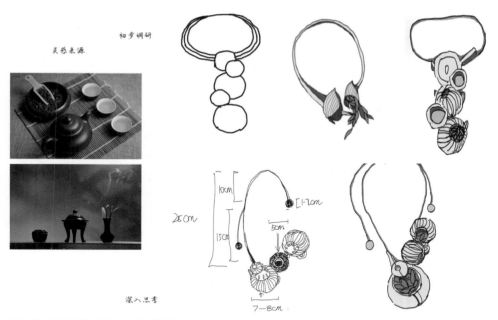

图4-88　灵感来源及思考图，作者：黄婷婷

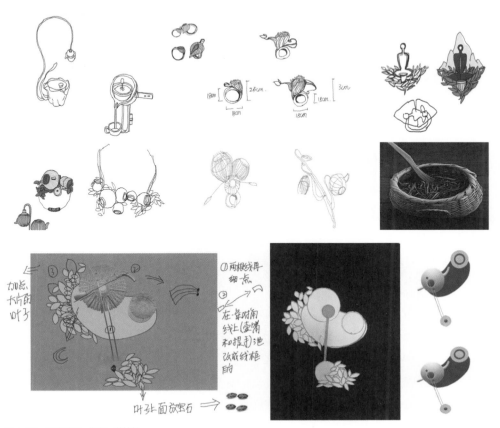

图4-89　设计过程，作者：黄婷婷

图4-90　以线的编制工艺进一步完善作品，作者：黄婷婷

图4-91　作品完整图，作者：黄婷婷

四、触觉

比起视觉和听觉传达，触觉能更迅速被使用者所感知。以人体为媒介，触碰到材质时，是对肌肉中感受器进行刺激，因此其要比视觉与听觉更加敏感和强烈。设计师可以利用材质的肌理对比，将这种特性合理地应用到相应的首饰设计中。例如，佩戴戒指的时候，贴合手指皮肤的部分通过金属抛光处理后是光滑的，佩戴时会感到柔滑和舒适。而不少设计师会在设计时利用反向思维，将内壁刻意设计成凸起或粗糙，让佩戴者的体验感不同以往，增加新的记忆点。

案例:《毡愈》,作者:冯雅兰

设计灵感来源于患者佩戴的护具,希望通过作品表现对护具的治愈功能,以及它会招致的好奇与排斥心理的思考。作品保留了护具的基础结构,并探索了多种造型的可能性。选择柔和质感的羊毛毡结合金属质感的框架,让作品在触觉上呈现出温暖、柔和的样貌。由此,努力创作出既具有护具功能,又能给患者的心灵带来治愈感的不一般的触感首饰(图4-92、图4-93)。

图4-92 《毡愈》设计作品,作者:冯雅兰

图4-93 《毡愈》佩戴图,作者:冯雅兰

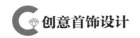

五、视觉

视觉是一个生理学词汇,指眼睛与物体形像接触所生的感觉,是由于眼球网膜上锥状细胞和柱状细胞受光波的刺激所引起的反应。在首饰设计中,视觉是非常直观的感受,我们可以从色彩、大小、明暗、形态结构等作为出发点,深入探究。优秀的艺术作品通常能通过画面上的线条、形状和色调来传达艺术家的想法和情绪,在首饰的创作中同样也应该全面思考这些要点。以视觉作为灵感出发点的艺术家有很多,例如,探索视错觉的英国银器艺术家阿内·克里斯坦森(Ane Christensen)(图4-94),用视觉器官眼睛为元素设计首饰(图4-95)的意大利艺术家布鲁诺·马丁纳兹(Bruno Martinazzi)等。

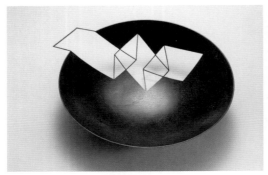

图4-94 《负面》器皿,铜做旧,作者:阿内·克里斯坦森(Ane Christensen)

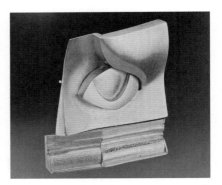

图4-95 《海伦·威廉姆斯·德鲁特的承诺礼物》,20K黄金和18K玫瑰金,1996年,作者:布鲁诺·马丁纳兹(Bruno Martinazzi)

图4-96 《观》设计作品,作者:张睿之

案例:《观》,作者:张睿之

以科幻电影《银翼杀手》中机械人瑞秋所经历的被制造、身份肯定、自我怀疑、情感觉醒这四个阶段中眼神的变化为主要灵感来源。以眼睛为主体元素,通过描述机械人瑞秋在向外模仿演绎人类情绪的同时,也在通过外界的反馈形成自我的一个概念,如图4-96~图4-99所示。

图4-97 《观》眼镜佩戴图，作者：
张睿之

图4-98 《观》戒指佩戴图，作者：张睿之

图4-99 《观》胸针佩戴图，作者：张睿之

CHUANGYI
SHOUSHI
SHEJI

第 五 章

首饰创意设计
实践

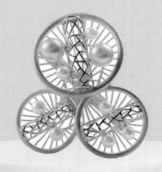

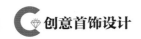

本章重点介绍了五种首饰设计创意表现手法，探讨如何从设计主旨和理念出发，对繁杂的设计要素进行筛选与梳理，从中找出最契合主题的设计方案。通过不断思考最初的设计意图，进一步锁定设计方案，也为后续设计落地做好准备。在此期间，设计师将经历不断思考并推敲所有设计元素所要表达的意图，因为设计方案不仅仅流于形式上的美感，更需要站在宏观的层面，审视每一个设计要素是否更益于表现设计的主题，是否能满足受众者的真实需求。

本章将继续使用理论与实际案例相互结合的阐述方式，将目光从对设计客观规律性的研究转向更为主观层面的情感表达，进而从佩戴者的角度深入思考首饰对于自身的意义。

第一节　创意表现手法

一、以自然风格为表现手法

以自然风格为表现手法从古至今都是首饰艺术家和设计师们首选的表达方式。"自然的"也可称为"有机的"，它指任何与自然有关联的，或者因自然而衍生的东西。在首饰设计和工艺制作中，"自然的"也可以理解为灵感、材料、加工工艺和设计方法及审美态度。自然风格的首饰给人以亲切、返璞归真之感，是应用最广泛的设计表现手法。

由于自然形态中并不存在绝对意义上的直线，因而在此类风格的首饰设计中，曲线、曲面为运用最多的造型要素。追溯历史，新艺术主义时期将自然风格的表现形式发挥到了极致，不论是建筑、家具还是首饰领域，追求极致的曲线美被称为风尚。这一时期的首饰也被"面条"艺术深深影响。作品中鲜见直线，主题则以女性、昆虫、植物等自然形象为主，结合精湛的珐琅工艺完成，堪称经典，至今极具影响力。

从设计风格而言，自然风格还可以描述为一种模仿自然的设计的发展风格。有些设计师偏爱将一个设计顺其自然地发展，所谓"顺其自然"。这样产生的结果往往比以往有计划、易控制的方式产生的结果更加随意自然，充满惊喜和期待感。很多设计师也热衷于将天然的有机材料直接应用在作品中。

（一）自然造型的应用：《水形物语》，作者：刘恩佐

通过海洋生物——水母灵动轻盈的姿态作为灵感来源，以明亮的红色调和

装置性的结构形式来传达作品的空间层次与剧情,从而表达作者对"空间""感知""体验"在当代首饰上的设计理解(图5-1~图5-5)。

灵感来源

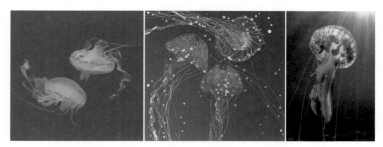

图5-1 设计灵感源自水母

元素提取

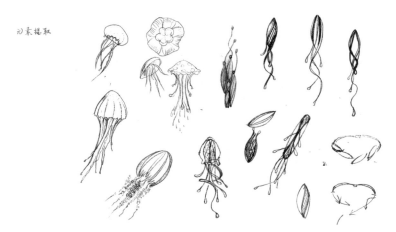

图5-2 设计元素的变化,找出可以发展的造型元素

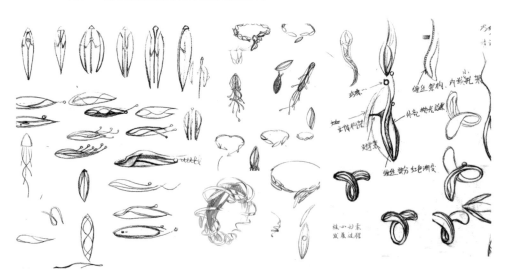

图5-3 找出主要的造型元素后继续变稿的过程

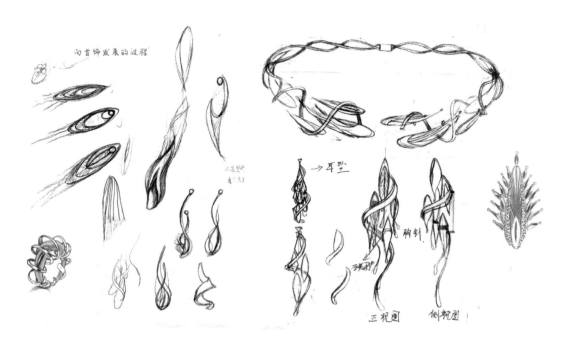

图5-4 增加细节和穿插结构，逐步发展成为首饰

图5-5 手绘稿与成品完成效果

（二）有机材料的应用：《渴求生命的延续》，作者：张靖雯

从传统点翠首饰的工艺特点、装饰内容、造型手法等方面结合首饰设计的现代首饰设计语言，将中国传统手工艺——点翠工艺传承与创新，提供更具有年轻化的、有趣的传统点翠工艺首饰设计。点翠之美不会消失，但生命之美更美，美与尊重生命同在（图5-6~图5-9）。

图5-6 灵感来源及手绘稿（一）

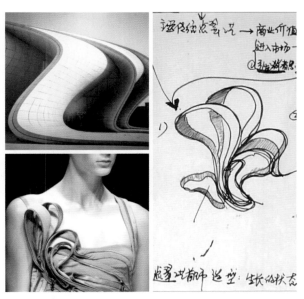

图5-7 灵感来源及手绘稿（二）

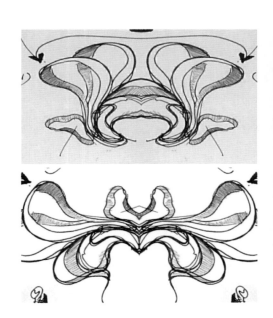

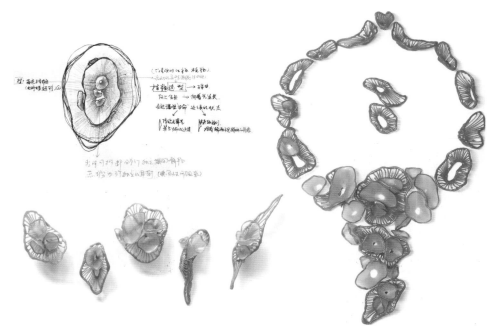

图5-8　雕蜡工艺应用

图5-9　作品完整效果

闪蝶翅膀种类丰富，有八十余种，多为蓝色，具有金属光泽。

有一种传统工艺叫墨鱼骨铸造，它是以天然生物材料为模具的珠宝制造工艺，用墨鱼骨铸造方法做出来的金属每一片都有着独一无二的痕迹，细看会觉得跟沙漠中的沙丘被风吹过的感觉很相似。从工艺角度而言，实物铸造、墨鱼骨铸造、金属锻造、金属表面肌理压印等特殊工艺手段，也是许多首饰设计师和艺术家常用的工艺手段。目的是将自然之物的形态、肌理、质感惟妙惟肖地复刻下来。使这些天然有机的美物能被原色保存，通过改变其体量后，与首饰配件组合，最终成为独特的首饰作品。

（三）有机物铸造工艺的应用：《荒芜与生机》，作者：陈婷婷

采用"荒芜与生机"为主题，从沙漠的两个角度出发，打破人们对沙漠的常规看法。同时，借此反差的设计想法，也希望能反映出事物都具有两面性，希望人们能带着多样化的眼光去看待每件事物（图5-10～图5-12）。

该作品选用了墨鱼骨铸造工艺来完成作品的创作。作者利用天然材料来进行工艺制作，并且保留了独特、不可复制的肌理效果。

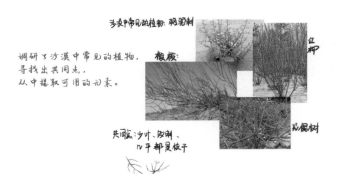 

图5-10 通过调研确认主题及灵感来源

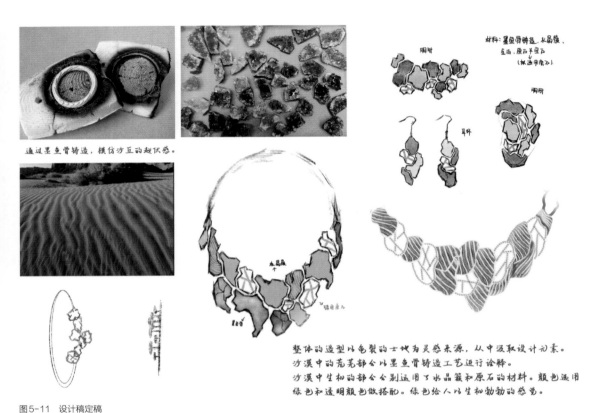

通过墨鱼骨铸造，模仿沙丘的起伏感。

材料：墨鱼骨铸造、水晶簇、
     宝石、原石手型石
     （拟画里像2）

整体的造型以龟裂的土地为灵感来源，从中汲取设计元素。
沙漠中的荒芜部分以墨鱼骨铸造工艺进行诠释。
沙漠中生机的部分分别运用了水晶簇和原石的材料。颜色运用
绿色和透明颜色做搭配。绿色给人以生机勃勃的感觉。

图5-11　设计稿定稿

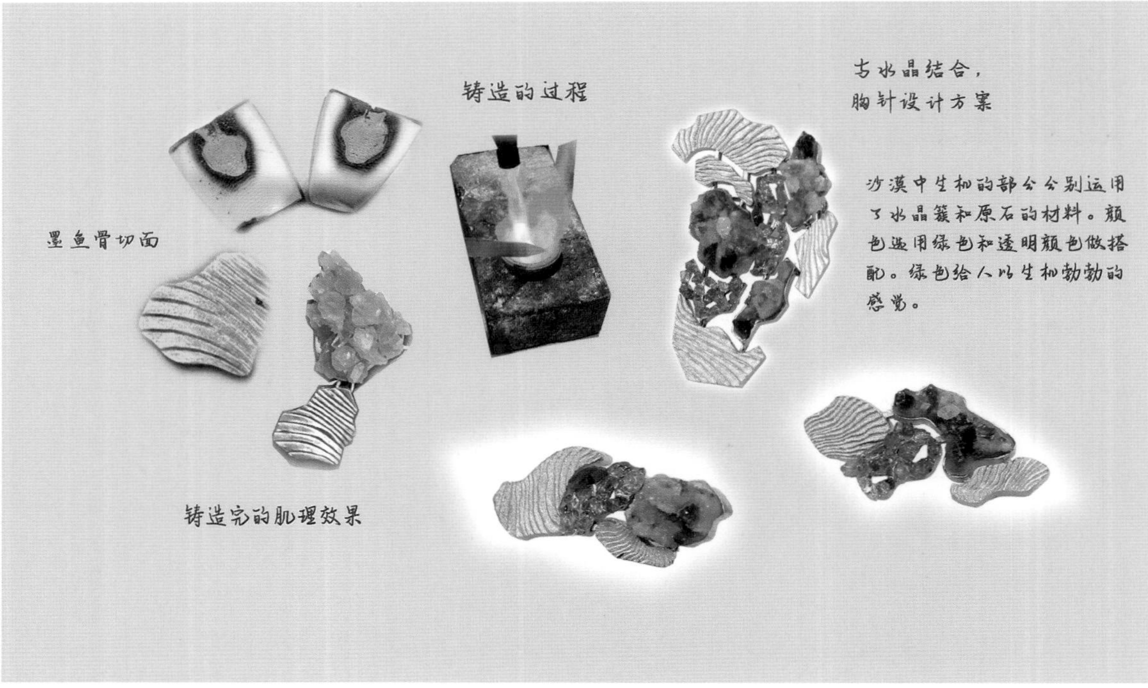

铸造的过程

古水晶结合，
胸针设计方案

墨鱼骨切面

沙漠中生机的部分分别运用
了水晶簇和原石的材料。颜
色运用绿色和透明颜色做搭
配。绿色给人以生机勃勃的
感觉。

铸造完的肌理效果

图5-12　通过墨鱼骨铸造法完成首饰设计

（四）蜡融化造型铸造工艺的应用：《净化》，作者：李霄煜

作品以瀑布为原型，设计上不再满足于对瀑布其客观外形进行复制，而是着重抒发了设计者对瀑布的强烈主观情绪与感受，将瀑布这一气势磅礴之景重塑成富有圣洁、净化意味的主观下的客观物象（图5-13）。

该作品通过蜡融化时自然成形的方式来模仿并塑造出瀑布水流湍急的感受，在造型及工艺应用上以自然成形的方式完成了最终的设计。整体造型自然不刻意，却又恰到好处，与主题相得益彰。

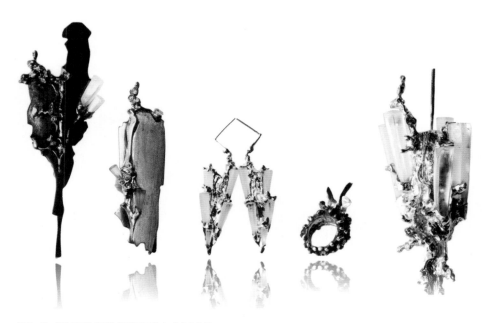

图5-13　通过自然成形的造型及工艺方式完成作品

（五）雕蜡铸造工艺表面肌理的应用：《无远弗届》，作者：陈奕舟

"无远弗届"系列作品主要以风为元素进行设计，以银为主要材质，运用侘寂美学❶原理进行物化设计，去捕捉生命中存在的细微的一瞬间。"无远弗届"首饰体现的是"陋外慧中"的黯然之美，借以抒发表现自己内心的强大，也能使欣赏者和佩戴者产生生命力无限的情感共鸣。这是一种从反作用力所推挤出来的"间"之美，也充分地传达出"不对称、粗糙、简朴、谦逊、亲切和由自然变化而形成"的美学特征，从而表达出"无远弗届"首饰"让人感觉极简质朴，并不失张力；

---

❶ 侘寂是日本美学意识的一个组成部分，一般指的是朴素又安静的事物。

让人感觉素雅淡然，并不失信任；让人感觉安宁平和，并不失坚定"的创作意境（图5-14～图5-18）。

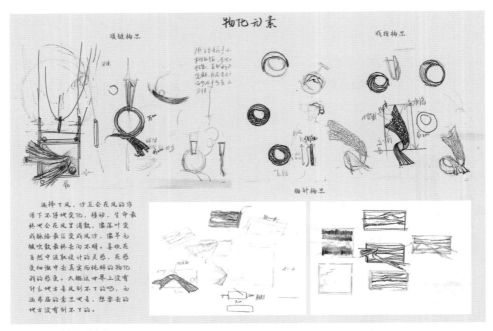

图5-14　元素选取及变化

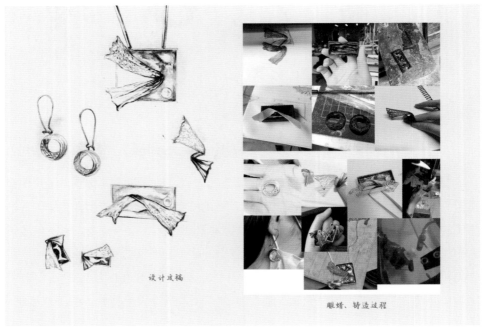

图5-15　设计定稿及制作过程

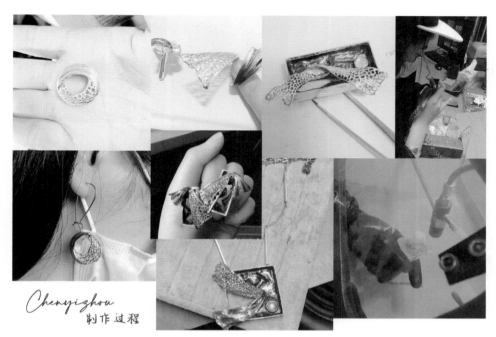

图5-16　以自然形态的肌理为创作要素

图5-17　作品完整图

　　该作品运用雕蜡铸造工艺，通过对肌理的刻画，以追求自然成形的造型来模仿"风"拂面而过的感受。以此方式表现出时光如风一样拂过，留下痕迹却又捉摸不透的意味。

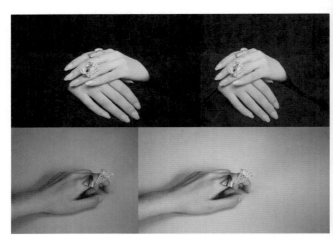

图5-18　作品佩戴图

二、以几何形态为表现手法

几何形态的首饰设计强调秩序性、节奏感、完美性。设计中研究点、线、面、体、块等造型要素的构成关系是重点。设计作品则更强调对比，这类主题的设计给人以整洁利落的感觉，装饰效果很强，赋有现代感。

（一）几何形态的设计特点

1. 完美性

人们对几何图形已经有了主观且固定的认知，即方就是四边平行对称、圆就是光滑平整的完全封闭弧线。在用几何形做设计时，如果风格或造型不统一，就会让设计显得与固有认知不符，突兀且感到设计失误。

2. 现代感

几何图形是最适合表达现代感的表现手法。化繁为简的设计元素十分具有装饰性，没有过多的细节反而给佩戴者最大的修饰。

以几何形态为表现的作品在创作过程中，设计师所面临的最大挑战是用手工制作出的首饰要和机器制造的一样具有完美感。如韩国艺术家（Hyun-Seok Sim）[1]

---

[1] Hyun-Seok Sim是一名韩国银匠大师，他以制作精美的珠宝、物品甚至手工制作的银相机而闻名。曾就读于韩国首尔的建国大学和加拿大哈利法克斯的新斯科舍省艺术与设计学院。

的作品，通过手工来呈现极致的规则感。他的每一件独一无二的手工作品不仅极具工业感（图5-19），同时兼具功能性，如图所展示的是两部功能齐全的银制针孔相机（图5-20、图5-21）。

当然，越来越多的设计师倾向于应用电脑技术来辅助完成设计作品，从而弥补工艺上的"不完美"。但随着电脑打印技术的大量应用，制作的精确性虽然大大提高，却让作品显得过于冰冷，机械感和设备感的痕迹明显，从而削弱了首饰的情感因素。

（二）几何形态表现手法

1. 单体元素的几何形态表现方法：《轨·变》，作者：张天明

陨石对于宇宙来说是微乎其微的，但仅仅是陨石撞击地球表面留下的巨坑，其冲击地质表面所产生的能量，可达广岛核弹爆炸能量的上百倍。以陨石坑位为基本元素，加以金箔、锆石点缀，体现巨大的能量（图5-22）。

2. 表现线与面组合层叠关系：《理性与感性》，作者：戚同熙

通过首饰作为载体来传达德日设计语言的异同。德日设计都本着功能至上的理念，具有较高的严谨性，日本的设计语言更多偏向于一些感性的方向，而德国的设计语言更为理性。六边形的元素始终贯穿整个作品，整体基调在保持简洁整齐线条的同时，也通过银丝等细节和结构的交错连接来增强首饰的立体感。整套作品保持了高度的整体性，强烈的线条感与几何图形刻画出的大造型下，点缀了细腻的银丝和色泽温暖的海蓝宝，诠释出"理性"与"感性"的相互结合（图5-23）。

图5-19 《结》胸针，925银，Hyun-Seok Sim 手工完成

图5-20 Hyun-Seok Sim 相机系列-1 手工完成

图5-21 Hyun-Seok Sim 相机系列-2 手工完成

图5-22 《轨·变》，999银、锆石、金箔、大漆，作者：张天明

图5-23 《理性与感性》，925银、海蓝宝，作者：戚同熙

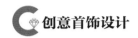
3. 表现线与面对称的秩序性：《四方八盒》，作者：袁梦齐

云肩是中国传统服饰中的重要一员，蕴含着鲜明的民族特色与丰富的民俗文化，把传统云肩艺术中的元素融入现代首饰设计中，创造出富有新意的现代首饰，不仅展现了云肩独特的艺术价值，同时传递了中国文化中的"四方四合""天人合一"等传统价值理念（图5-24）。

图5-24 《四方八盒》，作者：袁梦齐

三、以抽象性为表现手法

（一）抽象概念

抽象是哲学的根本特点，抽象不能脱离具体而独自存在。从概念的角度而言，抽象是从众多的事物中抽取出共同的、本质性的特征，而舍弃其非本质特征的过程。具体地说，抽象就是在实践的基础上，对于繁复的信息及初始化的材料进行提炼。取其精华，去其糟粕，形成概念、判断、推理等思维形式，以反映事物的本质和规律的方法（图5-25）。

我们所看到的大自然景象就是大自然的实物在我们脑海中的映象。抽象就是我们对某类事物共性的描述。

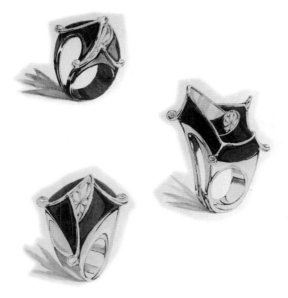

图5-25 以中国古代建筑为灵感，完成戒指设计构想

具体来说，抽象是指：

（1）将几个有区别的物体的共同性质或特性，形象地抽取出来或孤立地进行考虑的行动或过程。

（2）从被研究的对象中，抽取与研究工作相关的实质性的内容加以考察，忽略被研究对象中个别的、非本质的或与研究工作无关的次要因素，从而形成对所研究问题的正确认识。它是科学研究中经常使用的一种方法。简而言之，简化不必要的或外围细节，是为了集中表现主题。

（二）抽象性表现手法

1. 抽象性表现手法（一）：《粼粼》，作者：陈攸宁

夕阳西下，波光粼粼的水面仿佛宝石散落人间。眯起双眼，所见的波纹形态迥异、光晕闪烁，两者之间形成了强烈的对比，也充满了节奏感，不禁让人心随律动。作品通过对波浪的整体造型共性的抽离与分析，设计出单体造型，并在此基础上增加了细节变化，来模仿波浪的律动感。通过雕蜡并铸造完成，最后以金箔作为点缀装饰，增加层次感（图5-26～图5-28）。

2. 抽象性表现手法（二）：《弧·光》，作者：廖雯清

以"仿生设计"为出发，将自然界万事万物的"形""色""音""功能""结构"等作为研究对象，有选择地在设计过程中应用这些特征原理进行的设计。

设计灵感来源为砗磲贝的海洋生物。通过对其弧形结构的研究，将砗磲贝的

形态与色彩特点抽离出来，通过首饰设计的方法，并运用珐琅工艺，创作出富有生命力和张力的首饰作品（图5-29～图5-34）。

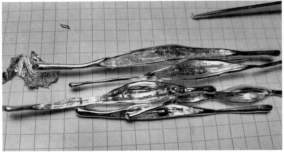

雕蜡完成后铸造成形　　　　打磨抛光完毕

贴上金箔，表现波光粼粼的感受

图5-26　灵感来源及设计个过程

波光粼粼

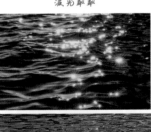

组合造型

抽象元素

单体与组合造型

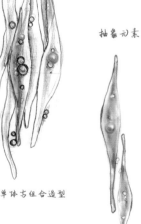
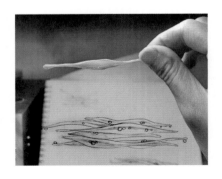

雕蜡

灵感来源：
夕阳西下，波光粼粼的水面仿佛宝石散落人间。
眯起双眼，所见的波纹形态迥异粼粼闪烁；两者之间对比强烈，充满了节奏感。让人心随律动。

图5-27　制作过程及最终作品

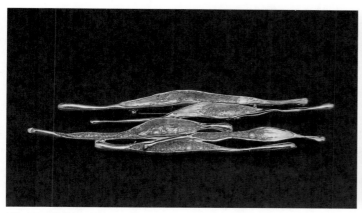

图5-28　最终作品，材料：925银、金箔

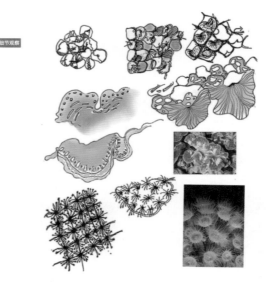

图5-29　灵感来源及设计元素的提取

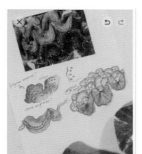

图5-30　元素抽象化设计

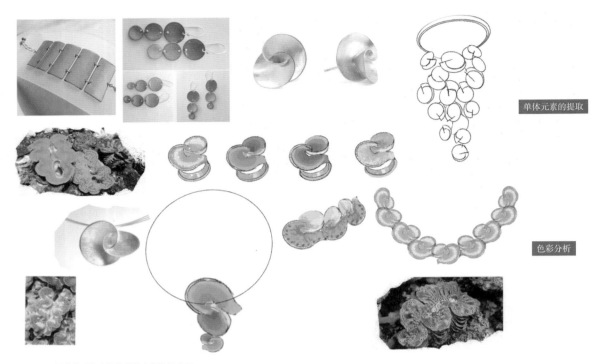

单体元素的提取

色彩分析

图5-31 单体造型组合设计并结合颜色的应用

造型与颜色的综合研究

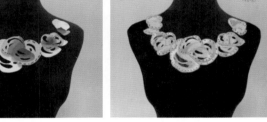

图5-32 首饰结构设计

珐琅试色阶段

图5-33 珐琅工艺试色

图5-34 《弧·光》925、999银 高温珐琅

3. 抽象性表现手法（三）:《萤火虫》，作者：方曦彤

受到水墨笔触的启发，抽象、概括出"夏季三月，腐草为萤"的自然现象特征，把萤火虫的多个成像画面，其特写、长曝光下的灵动光线条和星星点点的散步景象，同时呈现于单个首饰作品中。与佩戴者产生联系，让人联想到被萤火虫环绕、包围的梦幻景象，感受自然现象给人带来的静谧和自在（图5-35）。

该作品巧妙地通过抽象表现手法，将萤火虫的飞行轨迹与线的构成做了很好的结合。并且在作品的视觉中心的位置以宝石点缀，代表了萤火虫的静态位置。在造型及表达方式上与主题契合，也给人留有遐想的空间。

图5-35 《萤火虫》，作者：方曦彤

四、以雕塑型为表现手法

（一）雕塑型表现手法

首饰与雕塑都以立体视觉艺术为载体，许多首饰本身就是可佩戴的微型雕塑，是佩戴者展现个性、表达内心的方式，也是情感在身体外的延伸。如果将首饰体积不断增大，那么其就可以被视为一件雕塑。

以雕塑型为表现手法来完成创作时，首先，需更多考虑空间形态的创作。需

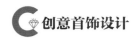
要遵循构成的原理，研究点、线、面、体的不同组合、排列，来实现创意设计。过程中，反复推敲宝石的排列和其在空间中的位置；某些具有重要装饰性的线，如何能通过旋转、扭曲角度达到理想的视觉平衡效果，同时还有面的切割及镂空、交错等方式丰富设计的层次感。有些雕塑手法创作的首饰是"不可佩戴的"，这也与设计者本身要传达的理念密不可分（图5-36）。

此外，在以雕塑型为表现手法的设计创作中，不同的语境和文化背景下，首饰材料的选择需要根据具体的功能来进行。从商业首饰设计的角度而言，首饰自身因其材料的贵重性而具有一定的价值，佩戴在身上也需要具有美感、舒适度，且持久耐用等特性。因此，在材料的选择上，选择贵金属材料或者是珠宝玉石进行商业首饰设计加工，以此来满足不同消费水平客户的消费需要。当然，在艺术首饰设计中，选材可以更具有多样性，能够充分体现设计的观念。

（二）应用案例

1.《立体主义在首饰设计中的运用》，作者：毛琳

通过学习立体主义的艺术手法，把自然形体分解为各种几何切面，然后加以主观的结合。观察鸟类的各种动态，并将其轮廓与立体主义进行结合，通过分解形态并用几何重组的方式，设计出结构丰富且颜色绚丽的首饰（图5-37～图5-40）。

图5-36 《The Mathildis Corornet》，作者：英国首饰艺术家 Anastasia Young

Josph Csaky 出生于匈牙利，受 Auguste Rodin 影响创作出了许多以动物和女性为主题的立体主义雕塑作品。

图5-37 设计灵感来源图

立体主义（Cubism）是西方现代艺术史上的一个运动和流派，又译为立方主义，1907年始于法国。立体主义的艺术家追求碎裂、解析、重新组合的形式，形成分离的画面——以许多组合的碎片形态为艺术家们所要展现的自标。(把自然形体分解为各种几何切面，然后加以主观的组合)

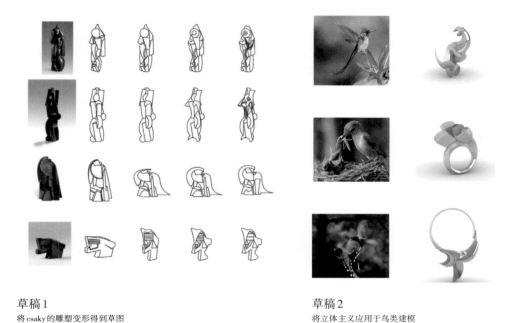

草稿1
将csaky的雕塑变形得到草图
图5-38 设计过程

草稿2
将立体主义应用于鸟类建模

3D打印实验

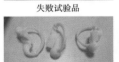

失败试验品

成功试验品

3D打印成品

上色实验

预计上色效

第一次用手办颜料进行的实验

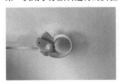

用喷漆进行的实验

打磨喷蜡

金属定点与制作

上色成品

图5-39 运用3D打印技术并且上色

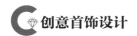

图5-40　作品完成及佩戴图

2.《形》，作者：陈紫薇

　　以空中瑜伽的形态为设计灵感，用雕塑型为表现手法，将表演者在表演过程中的优美体态捕捉下来，并与当代首饰设计进行结合。

　　人回环、摇曳在空中与柔美的丝带缠绕、交叠，勾勒出韵律的线条。空中瑜伽，一种新兴的健身方式，强身健体、带来视觉美的体验的同时，空中瑜伽闪烁着更耀眼的美好，那一种对自我的挑战、勇于突破的精神。这组作品，不仅是作者对美感的表达，更多地想激励人们走出舒适区，不断发起对极限的挑战（图5-41～图5-49）。

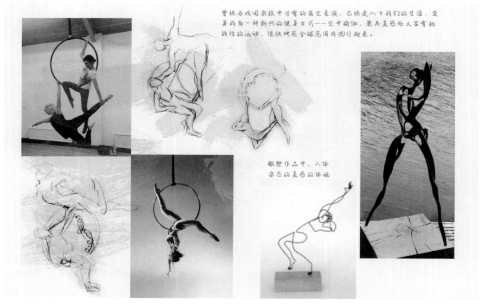

图5-41　以人体的体态美为灵感来源

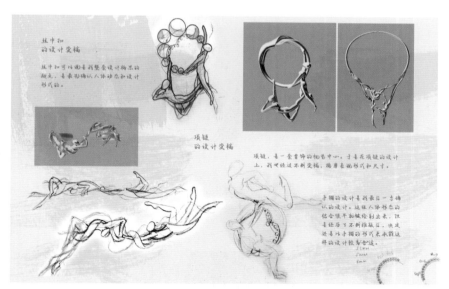

图5-42 设计手绘稿及建模稿

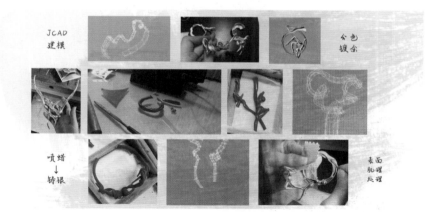

图5-43 制作过程

项链
Necklace

图5-44 项链成品图和佩戴图

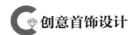

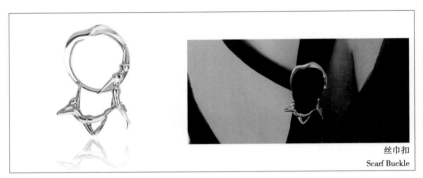

图5-45　丝巾扣成品图和佩戴图

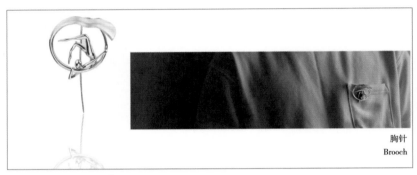

图5-46　胸针成品图和佩戴图

图5-47　耳环成品图和佩戴图

图5-48　手镯成品图和佩戴图

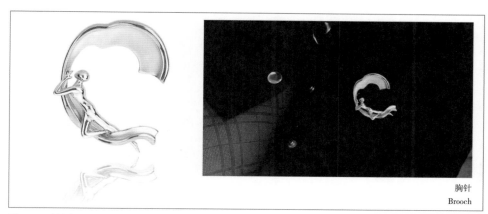

胸针
Brooch

图5-49　胸针成品图和佩戴图

3. 以器皿与首饰相结合——《围城》，作者：高丽芳

灵感来自钱锺书的《围城》，书中的一句话："婚姻是一座围城，围在城里的人想逃出来，城外的人想冲进去。"生活本就是一座大围城，我们就在这个围城里进而出，出而进，周而复始，人永远逃不出无尽的压力和束缚，永远要在无形的四堵墙里过完一生。每个人都逃不出这样的命运，只是在于你在这围墙下是否活得精神。因而，作者在这样一个密闭的空间里演绎几种人的生活面貌和精神状态，引发人们对于生活的思考，反映真实的社会文化和社会情感。

作品用锻打的传统工艺制作银器，造型简单大方，以灰色来营造寂静的氛围，能让人安静地思考。雕塑的手法制作人的表情，传达人的精神状态，在围城里，他们的状态来引发我们的思考，带来很强的形式感和视觉冲击力（图5-50、图5-51）。

4.《自然承载》，作者：陆嘉楠

通过珠宝与天然大漆工艺的结合，再配以自然的造型，尝试用这样的方式来展现珠宝这一自然之美的载体，让观者和佩戴者能够真正地、直接地了解与感知每一件作品所承载的一切。并且通过这样一种首饰与漆艺结合的方式来传承大漆这一古老的工艺，用传统大漆工艺来制作珠宝的展示载体，从而进一步展现这种自然与艺术的融合之美，完成传统工艺的继承与创新（图5-52）。

图5-50　作品整体图

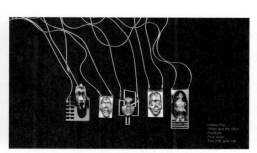

图5-51　作品细节图（每一个雕塑人物单独设计成一件吊坠）

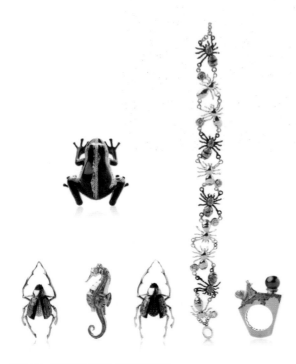

图5-52　以雕塑形式表达方式完成的作品

图5-53　作品图

图5-54　作品佩戴图

五、符号、富有象征性首饰

（一）概念

首饰自身具有象征意义。它可以作为一段关系的承诺，也可作为某个事件的纪念物。符号和图标作为一种普遍工具，也早已引入首饰设计中。在首饰设计中，设计师往往通过加入一个图标或象征性的符号，把特殊的事件或主题联系起来。

许多图标和象征性的符号是世界公认的，而另一些则可能只属于一些小众群体。例如，心形已经使用了很多个世纪，是所有人都理解的图案。另外一些图标，如阴阳太极等符号，一直都存在，但具有特定的文化背景和内涵。

（二）案例

1.《十二点的钟声》，作者：刘泓杉

以童话故事《灰姑娘》为灵感，用日常生活中的勺子、刀来体现，选取南瓜车和接近凌晨十二点的钟为元素，用这两款胸针来表现作者对童话般美好生活的向往和期待（图5-53、图5-54）。

此作品中，作者巧妙地以茶勺与时钟等符号为主进行设计，将人们带入对《灰姑娘》这一经典童话故事的联想之中。虽然时钟和勺子本身作为生活用品不具有关联性，但当其在特定的故事背景下，相互组合就形成了独特的象征意义。

2.《病变》，作者：罗雨

现代社会越来越多的人不注重身体健康，大学生和工作人士经常熬夜、生物钟不规律、为了节省时间吃快餐之类的油炸食品、整日盯着电子产品等各种对身体有危害的行为，导致

身体素质越来越差。所以作者用器官作为第一设计元素，而机械零件代表器官在运作，且是不健康的行为对器官造成伤害之后，通过一定的医疗手段让器官坚持运作的工具（图5-55～图5-57）。

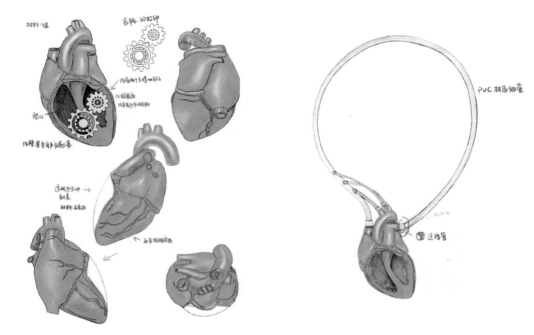

图5-55 通过对心脏脏器的形状，将其与齿轮结合进行符号化设计

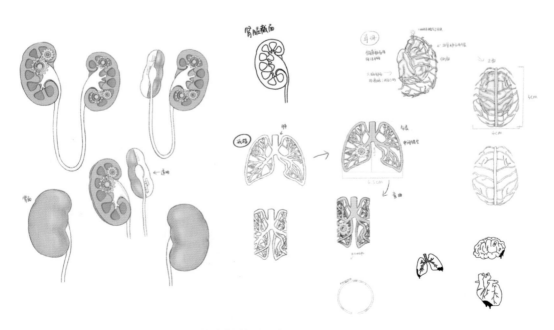

图5-56 通过对肾脏、肺的脏器形状，将其与齿轮结合进行符号化设计

以药片作为设计元素具有很强的符号性，能够直观地让人联想到健康与疾病的主题，通过绘画、倒模的方式，完全复刻了药片的形状（图5-58）。并用铸造的方式将药片制作成银的。通过上漆等工艺，最终完成首饰作品（图5-59）。

作者对与医治有关的符号进行思考，并选用了人体脏器的形状和药品形状作为设计元素，通过将其符号化的设计，与首饰设计相互结合，完成一组设计作品，以呼吁当今的年轻人应对亚健康问题引起一定的重视，提前预防病变。

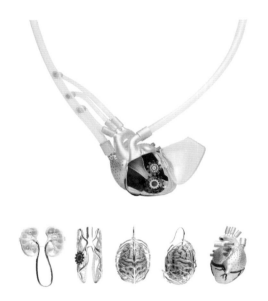

图5-57　结合铸造、大漆等工艺完成最终设计

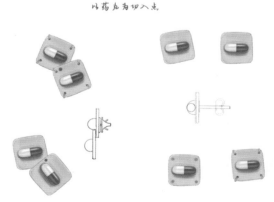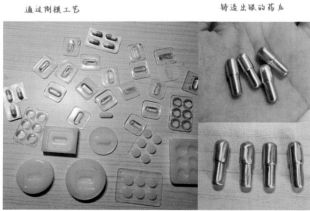

图5-58　以药丸这一符号作为设计元素

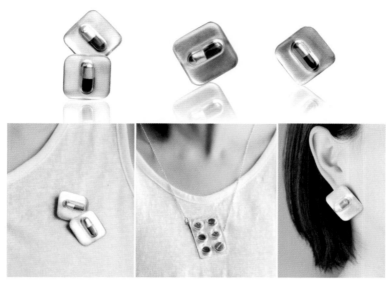

图5-59　作品完成图及佩戴图

3.《禁》，作者：李笑盈

生活中随处可见的安全标志时刻提醒着人们潜在的危险因素，而忽视这些标志使得原本的警示作用失去了意义。这次设计的目的也在于提醒人们重视安全标志的重要性，时刻留意身边隐藏的危险。《禁》意在设计具有佩戴美观性的同时具有一些惊悚的感觉，从视觉上用鲜明的色彩以及华丽的造型抓人眼球，从而让人们对安全标志有更多一些关注的目光，通过首饰的传播方式，将佩戴者与安全意识联系到一起（图5-60～图5-65）。

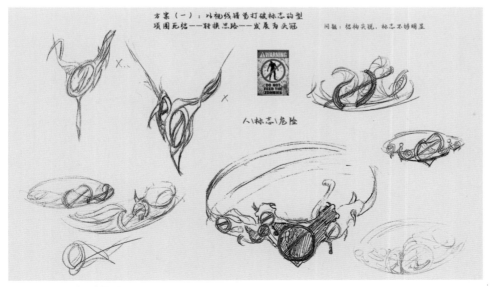

图5-60　设计灵感源自警示标识

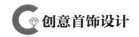
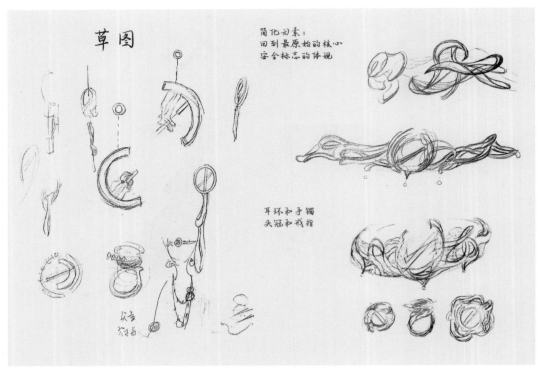

图5-61　设计草图

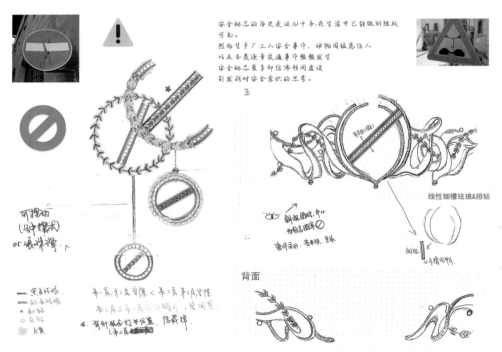

图5-62　设计正稿

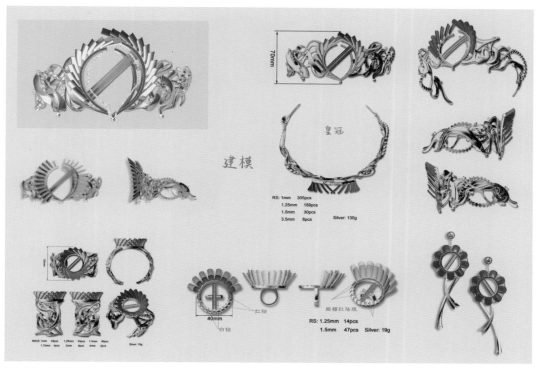

图5-63　3D建模

甲胶品种筛选

色彩比对筛选

初次尝试 修改尺寸

图5-64　结合甲片制作细节，突出警示的作用

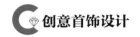

图5-65 《禁》最终作品

第二节 主题深入与探究

一、以叙事性为主题的首饰设计

（一）概念

叙事是我们生活中的一大重要内容。没有叙事，就没有历史。叙事也是一种交流活动，通过传送媒体将信息传送到信息接收者。

叙事学起源于20世纪，最初只是为了研究文学作品，经过长期发展，出现了经典叙事学，这种学科将研究范围扩大到非文学作品之上。叙事应用的范围很广，包括绘画、戏剧、舞蹈以及电影，这些都可以作为叙事记录的载体。叙事艺术基本而言就是讲故事的艺术，通过视觉表达来讲述一个个真实的或者构想出的故事。

现代社会中，人们对设计的追求不仅强调其功能化、理性化、形式简单化。人们更加希望设计出有温度的"非物品"，是具有很好的装饰性、独特性，且具有人文气息以及非传统的，这也在一定程度上促生了叙事性设计的出现和发展。叙事性已经悄然成为当今首饰艺术的核心概念和主要实践取向之一，设计师及艺术家们青睐于以首饰的形式再现自己的人生经历或思考感悟。叙事性首饰也拥有其独特的名字——叙事珠宝（Narrative Jewelry）。

具有叙事性的首饰能够通过作品的诞生来"讲述"与"表达"，以拟人化的方式将特定的人物形象或动物形象比拟成故事的主人公，或者借着不同的具有代表性的物件来陈述并展开一段故事。很多时候，首饰中呈现出的物与人代表着作者本身，作者往往是背后的发声者，借着作品在暗喻一种思想。这样的传播方式，既不会太过尖锐，也不会太过公开，并能涉猎一个群体的共性问题。

例如，中国青年首饰艺术家柴吉昌❶的首饰作品，他擅长以叙事的方式通过首饰这一媒介来记录成长经历，表达对事件的观点。作品如同日记，在表达方式、视觉语言、造型和材料及工艺的运用上不断突破自己的边界。其作品中也常会出现虚拟的人物角色或动物形象，他们都作为作者自身的一种面具，借着这些角色，或旁观，或隐喻，将一个又一个阶段的感受予以表达，最终达到和观者互动、互感的状态（图5-66～图5-69）。

图5-66 《Wild Kitte》胸针，银、丙烯酸树脂、蓝宝石，2011年

图5-67 《大鱼》胸针，银、丙烯酸树脂、树枝、软陶、黄铜，2011年

图5-68 《来自太阳城的兔子》胸针，亚克力、黄铜、人造珍珠，2018年

图5-69 《逃脱计划：新土地》戒指，黄铜、玻璃、石矾、贝壳珍珠，2020年

❶ 柴吉昌曾四次获得英国"戈德史密斯奖"，并在英国《VOGUE》《Aesthetica》等多家专业期刊发表作品。他是中国新一代的当代珠宝活动家。同时，他还从事精品珠宝、工艺教育和策展工作。

图5-70 《实验中》胸针，银、丙烯酸树脂、油墨、树枝，2011年

图5-71 《真正的我》胸针系列

图5-72 《真正的我》胸针细节展示

这样的表现手法为观者或佩戴者提供一个机会，即通过一件首饰作品，了解与之相关的一个事件或一种行为。将一个包含故事的物件佩戴在身上，以微妙的形式语言将信息传达出来，既有趣又令人期待。首饰似一种语言，成为人们传达某种信息和情愫的载体，它以最小的体量，在装饰身体的同时透露出巨大的信息，可以唤起记忆、表达愤怒、体味人生，一瞬间把设计师与佩戴者带入共情的思绪之中。

由于叙事性首饰的内容题材较十分丰富，信息量也很大，通过多样化材料的应用来传递信息是首饰设计师和艺术家们常用的选择方式。此时，材料脱离本身的价值，完全为首饰主题而服务。各种新材料和非传统材料，诸如亚克力、纤维、玻璃、硅胶、树脂、纸以及动物骨骼、木材等有机材料等已经大量地运用于现代首饰设计之中（图5-70）。不少首饰设计师和艺术家会在作品中加入特殊的现成品进行创作，如一些信物、私人物品等来表达作品背后更加丰富的内涵。

（二）案例

1. 以自我内心感受为切入点：《真正的我》，作者：刘晓辰

作品中六个相同的小人胸针，也是作者自己的形象。正面形象看上去软糯、可爱，那是自己对外所愿意展露的一面，每个上面都有一个字，标记了反面内容。就像一个点心里包裹的内馅儿一样，这些用透明硅胶混合的碎屑代表了自己不为人知、想要隐藏起来的真正欲望（图5-71、图5-72）（胸针佩戴时所形成的姿势也是不想被掀开的样子）。

2. 以旁观者叙述为切入点：《极力抵制物质爱情》，作者：姜雨佳

作品以作者父母的爱情为核心，将两人比作磁场中吸引着的双方。20世纪80年代末，父母相识

进而到了热恋期，作为当时经济富裕标志的新旧三件，直到两人结婚时都一件也没能买得了。到现在已经结婚快三十年，两人依然和睦如初，物质在爱情面前不算什么（图5-73）。

3. 以社会热点为故事切入点：《悬羊头，卖狗肉》，作者：周诗远

我国针对中老年人的食品、保健品虚假宣传、欺诈问题尤为严重。作者希望通过首饰表达受害者因无良商家挂羊头卖狗肉、虚假宣传而受蒙蔽、消费的状况，从而引起人们对食品、保健品骗局的关注（图5-74～图5-76）。

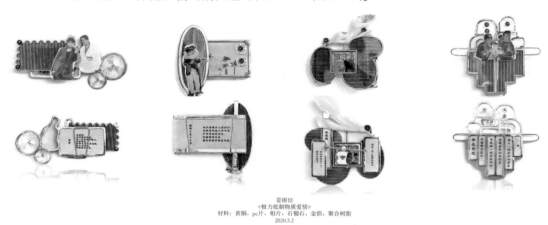

姜雨佳
《极力抵制物质爱情》
材料：黄铜、pc片、相片、石榴石、金箔、聚合树脂
2020.5.2

图5-73　作品整体，作者：姜雨佳

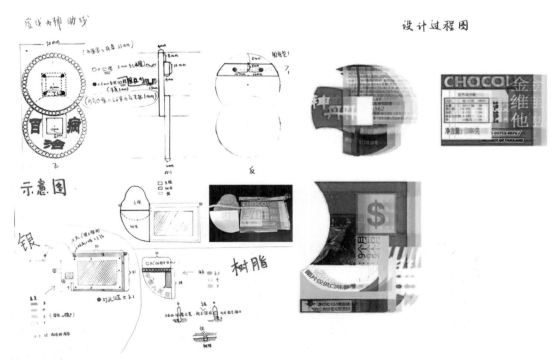

图5-74　设计素材及手绘图，作者：周诗远

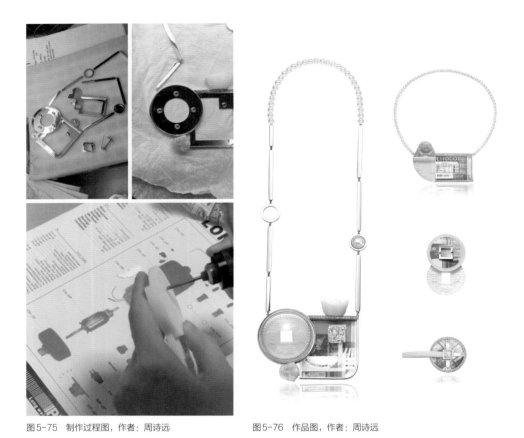

图5-75　制作过程图，作者：周诗远　　　　　　　图5-76　作品图，作者：周诗远

4. 以社会观点为故事切入点：《标签》，作者：陈欣然

标签是具体的，更是抽象的，充斥在人们生活的每一个角落，如今人们已经被"标签"所绑架。所以作者借以作品表现现在这种被标签绑架的状态，引起观者思考（图5-77、图5-78）。

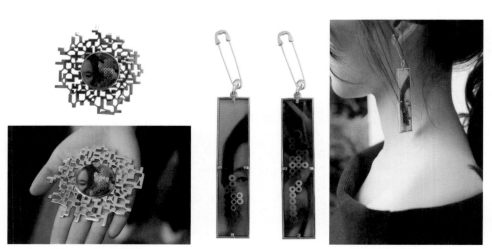

图5-77　胸针设计，作者：陈欣然　　　　　　　图5-78　耳环设计，作者：陈欣然

二、以跨界思维为主题的首饰设计

（一）概念

首饰设计作品除了有审美价值和实用价值，还被赋予了环保价值、品牌价值、交流交易及收藏价值等。对外可作为交流的礼品、纪念品，它从形、色、字、符号等方面很好地满足了地域和民族文化的个性化需求。同时，首饰设计作为工艺美术的一类，正在趋于跨界性、复合型、多业态的方向发展。

近年来，设计正在不断打破固有的壁垒，跨界思维更是突破了原有陈旧的思维模式堡垒，"融创"出新的设计方法论。如今，首饰的跨界设计已经逐渐成为一种有效的设计方法，甚至是一种对于时尚新生活的态度。据悉，在世界及国内已有许多顶尖的设计院校，打破了学科及专业之间的框架，将跨界设计贯通于教学过程中。跨界设计同时为首饰设计打开了新思考维度。在造型上的多维度化、材料的科技化、结构及色彩的丰富性等方面拓展了全新视野，也将各领域之间的交互效应展示最大化，促使互相差异的事物融合创新。

4D建模和虚拟参数化设计方式的介入，也让首饰的佩戴方式产生动态感。可见，跨界不只是跨领域设计者带来风格上的新鲜，更是在材料和技术工艺等方面的创新和改变，它将是一场整体性的设计领域的革命。随着艺术品交易平台（NFT）等平台的建立，更多的新生代将在平台上建立起对艺术品全新交流与交通方式，届时服饰穿搭与其展示方式也将发生巨大的变化。这些变革与变化正以迅雷不及掩耳之势袭来，如何应对这些变化并做好相应的准备，也是首饰设计教育所面临的全新挑战。

跨界设计使首饰设计从"以物为本"转变成"以人为本"，越来越关注大众的心理诉求和情感寄托。首饰不仅在与多种艺术形式产生跨界合作，如绘画艺术、建筑造型元素、服装织物艺术等；同时，首饰也与科技领域、医疗领域日渐产生交集。

（二）案例

1. 参数化首饰设计：《连续体》，作者：陶文琦

在各行各业，参数化设计都将会形成一股新的风潮，形式主义的美感将会改变大众的审美，参数化主义的发展是社会发展的必然结果。参数化可以提供无穷无尽的形式，如大自然的演变一般，世间万物随机地生长着，又有着规律性，生长出的形态却各自不同，变化万千。将参数化设计与传统首饰结合，将会冲击传统首饰设计的一切，新的设计方式，与客户沟通的新模式，让客户更有参与感（图5-79～图5-85）。

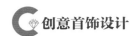

它可以不断地繁殖，重复生长，它既可控，也随机，有着自身的规律。

像大自然一般，世间万物随机的生长着，又有着规律性。生长形态却又各自不同，变化万千，只要给它们阳光和水土，它们就会不断地生长、重复以前的形态又随机变化着，美妙无比。

陶文琦

图5-79　3D打印技术的参数化设计思考，作者：陶文琦

参数化建模

参数化模型也可以称为参数化造型，是指建立特定的关系，是关注特征之间的零件，图形和空间相互形成的一个过程，每一个属性之间都密切相关。

参数化可以提供无穷无尽的形式，不过，如何通过建构有序且空间关系清晰明确的系统，对社会进行革新，从而实现对社会的持续调整与重新安排，才是参数化主义真正关注的。

图5-80　参数化建模概念，作者：陶文琦

首饰定制的新模式

传统首饰创作的每一步工艺流程都会受到其制作者水平的影响，每一步之间的配合都会影响最终成品的效果和美感。

参数化建模可以精准的计算出结果，在制作过程中，会将损耗降至最低，把损耗可控化。

首饰创作方式的改变

美国 nervous system 公司以花卉和叶子为灵感，将数字化的建模变成了一种植物的自然生长。

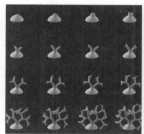

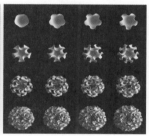

图5-81　首饰设计与参数化建模之间的关系，作者：陶文琦

参数化电池组的制作

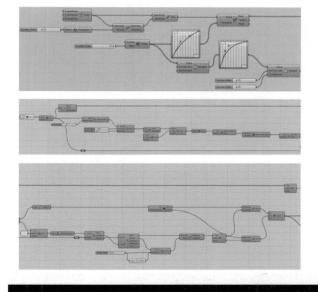

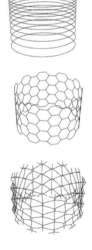

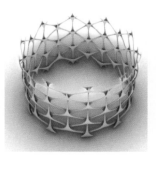

图5-82　参数化建模完成首饰造型的过程，作者：陶文琦

实物制作

将制作完的模型进行3D打印，再送去熔铸成型，熔铸完成的首饰再进行打磨处理水口。由于首饰的精密程度很高，打磨时必须小心翼翼，全神贯注，最后进行调色喷漆，完成最终的效果。

第二套首饰将中空管按尺寸锯下，焊接起来，要时刻注意火势，控制温度。再将物件磨去表面，露出管壁。把爪镶先焊接上再进行珐琅的烧制，七宝烧珐琅的烧制温度特别高，要时刻盯着之前焊接的地方，防止断开。最后进行抛光及宝石镶嵌工作。

图5-83 通过3D打印输出之后的效果，作者：陶文琦

成品展示

图5-84 《连续体》成品展示，作者：陶文琦
项圈、胸针、耳环，材料：银、铜、珐琅漆

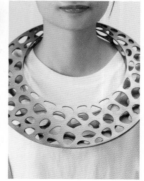

图5-85　《连续体》佩戴效果展示，作者：陶文琦
项圈、胸针、耳环，材料：银、铜、珐琅漆

2.　医疗器械与首饰设计：《无痛之治》，作者：邵翊恩

珠宝能作为替代疗法的一部分发挥有用的作用吗？本套作品从新的视角对当代首饰设计的功能做出大胆的假设与推论，通过实践将个人医疗产品与当代首饰设计相结合。将当代首饰设计的造型艺术、材料的内在含义和工艺手段等独特魅力融入个人医疗产品中，设计出兼备美感和使用性的跨界首饰。探究的目的是拓展当代首饰设计的外延，使首饰设计不仅仅局限于装饰、保值等传统功能范畴，对于首饰是否能成为可跨界的设计而做出新的尝试与思考。以针灸疗法为切入点举例（图5-86～图5-91）。

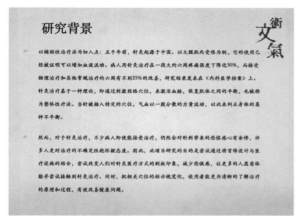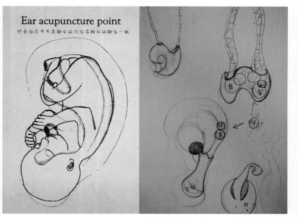

图5-86　研究背景，作者：邵翊恩

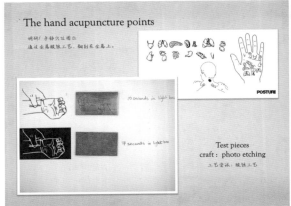

图 5-87　调研过程及模型建立，作者：邵翊恩

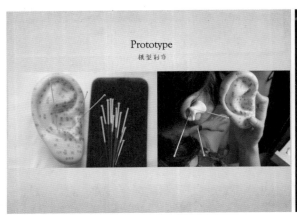
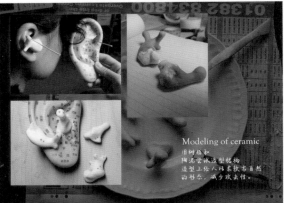

图 5-88　模型建立过程，作者：邵翊恩

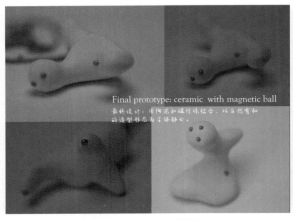
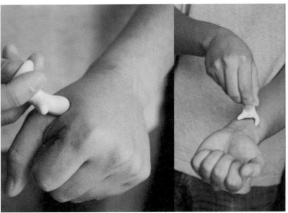

图 5-89　作品实体完成及使用方法，作者：邵翊恩

图5-90 使用方法视觉展示，作者：邵翊恩

图5-91 作品整体图展示，作者：邵翊恩

三、环保主题首饰设计

随着全球污染问题的日益严峻，动植物濒临灭绝，垃圾产量惊人，人类的生存环境日渐堪忧。重视环保与可持续发展已成为热点话题。在设计领域，Green design即绿色环保设计已经成为重要潮流，尤其在时尚产业，这也为首饰设计带来了新的方向。设计师们应合理地结合环保类材料，通过所掌握的美学原理及金工技术，改造或开发可持续发展的材料或技术方法，以减少对环境带来的污染与破坏。目前，常见环保首饰材料主要有天然有机植物、木头、纸质、软陶、合成树脂、玻璃以及废旧材料等。环保首饰不仅需要材料、加工等外在技术层面不断有所创新，更肩负着改变人们对首饰、时尚产业的消费观念。

澳大利亚阿德莱的首饰艺术家劳伦·西蒙尼（Lauren Simeoni）的首饰作品及创作经历，可以带来很好的启发。她曾是一名传统金工艺人，大学时期主修首饰设计专业。毕业后，一次为自然博物馆设计纪念品的偶然经历，改变了她的设计方向。在项目中，她将自己对大自然的亲切感融入纪念品的设计中。她放弃使用传统的金银宝石为原材料，转而将人们丢弃或并不在意的塑料假花作为设计素材。虽然假花是人工制造的产品，但是经过重新组合与搭配，会模仿出自然界中真实的植物，甚至有时会出现更加不同的视觉效果（图5-92～图5-94）。这些造型夸张，颜色极其丰富艳丽，穿戴效果也十分夺人眼球的首饰，改变了人们对于"废品"只能被丢弃的固有观念。此后，越来越多的首饰艺术家加入队列中，兴起了以二手材料为素材、环保理念为主题的首饰设计联合展览。

2017年，Lauren Simeoni应上海视觉艺术学院邀请，以小型工作坊（Mini-workshop）的形式与学生和老师们一起互动，参与的师生们共同经历了一段妙趣横生的"变废为宝之旅"（图5-95）。

Lauren Simeoni Poi Pruna neckpiece, top, and Melinda Young Under-ripe Blossom neckpiece, below, from the Unnatural Tendancies exhibition.

图5-92 Lauren Simeoni 环保首饰系列，塑料花、木珠

图5-93 Lauren Simeoni 环保首饰系列，塑料花、黄铜

This bag of materials was sent to each of the artists participating in the Unnatural Acts exhibition at Craft Victoria to be reinterpreted as wearable jewellery.

图5-94 Lauren Simeoni 环保首饰系列及展示方式

图5-95 环保首饰设计小型工作坊学生作品

四、"新中式"艺术风格与首饰设计

（一）概念

"新中式"风格顾名思义是在中国传统艺术风格基础上创新发展而来，同时也有中式元素结合现代材质而巧妙兼柔的风格。中国传统首饰的设计元素中大量出现的有吉祥寓意图案，其中常见的有文字、兽禽、人物、花卉等。传统首饰的材质主要以贵金属结合弧面切割宝石为主，一般常见的有金、银、玉石、玛瑙、碧玺、珠翠等。

近年来，随着中国国际地位的提升，"新中式"这一风格也逐渐升温，成为设计风格的趋势。在首饰风格中，新中式更强调传统中式元素与现代材质的巧妙融合，在造型、结构、色彩以及形式美上更多运用了构成学的方法，在结构层次上也更具空间感；同时，在材料的选择与宝石的搭配上更为多元化，常以某一种传统工艺或材料作为设计的核心，更具有创新意义。

因此，新中式风格的首饰往往既具备传统风格的内涵，又能满足现代人们审美趣味和生产标准化的需求。可以说，它是在以中国传统首饰设计原则的前提下，所产生的当代设计风潮。

（二）案例

1.《北宋镜像》，作者：张叶轩

通过宋代水墨画中意境理论的应用与表现，发掘宋代绘画的特别之处，探究宋代绘画对中国传统绘画具有影响力的原因，并利用当代首饰的制作为载体，使现代的首饰设计与宋代水墨画结合，以达到弘扬中国传统文化的目的（图5-96）。

2.《暗室生财》，作者：许诺

徽派建筑的窗户除了有使用与观赏的作用，还暗含着"暗室生财"的风水观念。一些物件由于人们的不同需求有着不同的存在方式，背后也隐藏着不为人知的含义，作者通过这套首饰设计引发人们对于物件本身用途背后的意义的思考（图5-97～图5-104）。

图5-96 《北宋镜像》作品套件，手工独立完成

· 灵感来源

图5-97　灵感图1

图5-98　灵感图2

设计过程

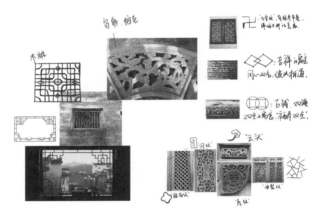

图5-99　设计元素提取

图5-100　设计元素深入研究

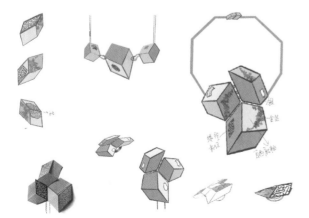

制作过程

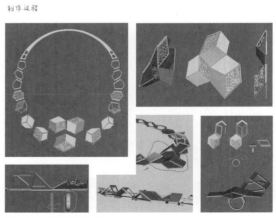

图5-101　设计方案图

图5-102　设计模型构建

图5-103　实物展示

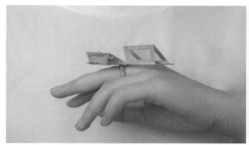

图5-104　佩戴方式展示 银、金箔 结构可开合

3.《叶影侠情》，作者：张若琳

将侠文化与现代艺术造型结合，叶片造型的银片模拟侠客周身的环境与气息，给予佩戴者侠的造型与感觉。同时，与笔画结合，使其在没有佩戴时不成文字，佩戴之后，有了人的参与才能够组成一个"侠"字。作者通过此次作品，表达出无论坐于庙堂之高还是处于江湖之远，都不重要，侠义永远在人的本身（图5-105～图5-109）。

图5-105　《叶影侠情》耳环及佩戴效果　　　　　图5-106　《叶影侠情》戒指及佩戴效果

图5-107 《叶影侠情》发簪及佩戴效果

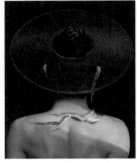

图5-108 《叶影侠情》项圈及佩戴效果

图5-109 《叶影侠情》全套作品展示及佩戴效果

CHUANGYI
SHOUSHI
SHEJI

第 六 章

定向首饰设计
案例

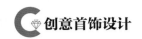

本章主要是从首饰的不同应用方向，来探讨如何进行具有针对性的设计与创作。根据首饰设计的不同对象，可分为商业性和艺术性两种形式，即商业首饰设计和艺术首饰设计。商业首饰设计的对象主要面向广大的消费者群体；以销售为目的艺术首饰设计的对象主要是特定的对象，如追求新意的消费者、收藏家、首饰设计竞赛及展览的组织方等。由于设计的对象不同，其需求也不一，因此在设计意图、材料选择及加工方法等要素上具有一定的差异性。

不论是哪个方面的设计与创作，作为一名好的首饰设计师，都需要具备对首饰设计意图的精准把控能力，在个人对于视觉元素的选取、造型和结构方面的搭建等方面具有一定的表达能力。除此之外，还需要全面了解首饰材料的基本特性和成本、加工工艺的难易度等重要的环节。同时，首饰设计师的另一重要职责就是预判设计的可实现性，设计师需要通过一定的制模方式提前对作品或商品的实体成型作出细节上的分析与研究。在此基础上与起版人员充分沟通，确保对方能够理解并认同设计者的设计方案，使作品或商品最终实现落地。

因此，本章内容以理论和实际案例相结合的方式来进一步阐述。通过对多位首饰设计师及艺术家们的访谈，从客观的角度展示他们各自的从业或创作历程。受访者作为课程内容的实践者，正处于各自职业生涯的不同阶段，对于首饰设计的理解与感悟也各有不同。最终，希望通过对本章节的学习与理解，让读者们有所借鉴，能为自身的首饰设计生涯提前做出规划。

第一节　商业首饰设计

一、商业首饰设计概念

商业首饰的本质就是商品，是基于商业环境下所产生的，与生产、销售和沟通存在关系，简言之就是为了销售而产出的劳动成果。

商业首饰虽然处于首饰范畴之下，与艺术首饰同样起到装饰人体的作用，但其内核价值却截然不同。商业首饰首先应考虑客户的需求和用户的实际体验，并且能够具备实现批量化生产的要素。同时，产品的定位、售价、品牌特色、文化内涵、流行趋势等因素均会影响消费者的购买行为。

就设计款式而言，商业首饰由于具有一定的量化需求以及受成本的控制，在整体造型与选材上会显得较为拘谨，在款式上也更迎合消费者的喜好，更追求适配性及舒适度，商业首饰也可以看作以服务为导向的设计。

在首饰设计中，对于塑造和形式美的思考始终是首位的。造型上，需要遵循立体构成学的原理和规律。色彩的应用与搭配也需要依据色彩美学的构成原理。在设计过程中，还需要通过所掌握的原理，综合考虑构成的要素之间的整体协调关系，目的是最大限度地传达出首饰设计的美感。

就佩戴性而言，商业首饰以美化佩戴者自身为目的，旨在为佩戴者的整体形象提升细节与气质。因此，商业首饰设计不能像艺术首饰那样过于夸张形式美和突出个性化，不能忽略了消费者的日常佩戴及搭配时的感受，切不可喧宾夺主。同时，商业首饰在设计时还需满足客户在体貌、特征、年龄、性别、职业、衣品和文化背景上的差异，避免造成与佩戴者的气质不符合的情况。当然，所有这些细节都需要长期在设计实践中反复推敲，从而不断把握好作品的形式美与消费者接受程度之间的平衡关系。

据近几年的行业调查反馈，随着经济的发展，人们对于商业首饰的消费也呈现出多元化发展的趋势。消费者对于个性化、高品质和具有较深层文化内涵的作品的诉求越来越高。商业首饰不再只是千篇一律的普通款，其背后所承载的文化精神和艺术特性也越来越受到人们的关注。商业首饰的客户需求也被逐渐划分为纪念收藏和自身佩戴所需这两个方向。甚至，许多消费者通过短视频等媒体平台变得更为自主，对于宝石的挑选和款式设计的要求也越来越个性化。总之，这两类需求的消费者是目前商业首饰消费最大的市场驱动力。

就工艺而言，任何首饰的创作都离不开工艺的支撑。精湛的工艺也是首饰作为设计产品引人注目的必要条件。近年来，新材料伴随新的加工工艺被应用在许多商业首饰设计中，异军突起。工艺处理的多样性也为产品增添了强有力的艺术感染力。例如，为金属上色的工艺就有钛合金的阳极氧化、银镀色，还有不同配色贵金属工艺等，新的宝石切割工艺和镶嵌方式也不断出现，这些工艺技术上的突破也触发了更为大胆的设计与表达。因此，工艺、材料上的不断革新与应用也有力地推动着商业首饰设计行业的整体发展。

从消费者的心理而言，能否购买到"高性价比"的商品始终是其心理诉求。然而何为"高性价比"，这一解释权往往不在消费者手中。原因在于消费者本身对于珠宝首饰的材质价格、工艺成本等各环节的专业知识了解有限。大部分情况下，消费者所接收到的是关于这件首饰价值的信息，即购买的理由。因此，在商业首饰设计中，前期的品牌建设和运营是十分重要的环节。根据调研数据分析，近年来能够驱动消费者产生购买行动的内因，已经逐渐从注重材质本身的价值走向了产品背后的故事内涵，消费者更希望获得一种在价值观上的共鸣与认同感。

总之，由于商业首饰的商品属性，其设计必须以客户需求为中心。同时，品牌核心价值的传递、货源的成本、资金的投入、技术支持等各方条件缺一不可。作为消费方，其审美心理会随着时代大环境与生活方式的改变而产生变化。

2019年年末，短视频与各类自媒体平台逐渐成熟，一夜间成为人们了解咨询的首要渠道，孕育而生的许多首饰设计师博主直接通过短视频来售卖首饰并且直接和消费者对接。这一变化也催生出众多独立首饰设计师品牌，将更多优秀且个性化的商业首饰设计带到了消费者面前。随着自媒体时代的到来，商业首饰的款式更具个性化，其推陈出新的速度也越发加快，这就对当下首饰设计师们的综合实力提出了更高的要求。

时至今日，再也不是个人埋头只做设计的时代，有经验且具备成熟度的商业首饰设计师，不仅要具备相关的专业知识，也要紧随潮流趋势。对内，需思考设计款式，并懂得如何掌控好成本，做好品控的把关等工作；对外，则需要具有良好的沟通能力，与消费者与制作方的沟通也是重要环节；还需要维护品牌核心价值，定期优化产品，并做好售后服务等。因此，商业首饰设计并非只以设计师为核心，而是由一个团队分工并协作完成的。

二、商业首饰的分类

商业首饰从材料和表现形式的角度可大概分为以下三类：

（一）贵重珠宝

（1）材料上主要由偏贵重金属和宝石制成。

（2）高价格。

（3）工艺精湛，通常无法批量生产。

（4）适用于豪华、婚礼及特殊场合等有定制需求的客户（图6-1、图6-2）。

图6-1 "首饰定制"课，胸针设计，作者：阮惜真　　　　图6-2 "首饰定制"课，胸针设计，学生作品

（二）半贵重首饰、人造珠宝

（1）设计形态简洁、现代。

（2）材料上经常运用银、铜、镀金等，和其他材料（如珠子、亚克力、合成宝石等）结合制成。

（3）价格较中档。

（4）可批量生产。

（5）针对日常穿搭需求的客户（图6-3～图6-6）。

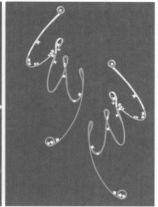

图6-3　合金镀金时尚饰品设计手稿，作者：曹清云

图6-4　合金镀金时尚项链设计，作者：曹清云

图6-5　合金镀金时尚耳环设计，
作者：曹清云

图6-6　银、高温珐琅烧制耳饰，作者：邵翅恩

（三）时尚配饰

（1）造型较为夸张抢眼。

（2）运用一些综合材料（纺织品、金属、半宝石、木材、3D打印产品等）。

（3）价格较低。

（4）可批量生产。

（5）主要用于时尚领域（图6-7、图6-8）。

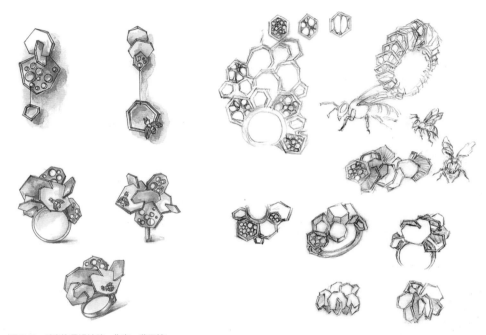

图6-7　时尚饰品设计稿，作者：曹玉婷

图6-8　时尚配饰设计及佩戴图，材料：半宝石、永生花、银、合金，作者：蔡怡

三、商业首饰设计师需要具备的知识

商业首饰设计因其商业特性，在设计上更趋于满足大众的喜好。设计师需要时常在自我的观点与对方的需求之间作出平衡，既不能一味强调自己的观点，又不能完全妥协迎合对方的需求。人们常会认为商业款"俗气"，且带有明显的公式化痕迹，千篇一律。然而，设计师为了产品的销售，不能忽视消费者的审美倾向，这在一定程度上限制了其艺术思维的发挥。怎样才能让商业首饰设计得看起来不那么俗气又能被消费者所喜欢呢？这始终是一个非常值得探讨的问题。

就设计思维的形成而言，其整个过程并没有特殊之处。值得注意的是，宝石、贵金属材料的价格把控始终是商业首饰设计中非常重要的提升利润的环节。因此，如何在现有的成本预算下设计出具有一定特色并能满足消费者需求的产品，设计师自身所具备的专业知识和业内经验就显得尤为重要。

（一）宝石类型

各类宝石，因色泽美丽、质地晶莹、光泽灿烂、坚硬耐久，又储量稀少，成为商业首饰中的主角，也是商业首饰设计中必不可少的设计素材（图6-9）。设计师对宝石了解熟悉的程度，决定其能否精准地估算自己所设计的款式所需要的成本和相应的利润，同时也能估算出消费者对其设计的接受程度。如果不具备相应的宝石学知识，那么其所设计的款式，很可能因宝石的价格过于昂贵或过于低廉，而无法让消费者买单。因此，具备宝石学知识是商业首饰设计行业中非常重要的

图6-9　宝石建模图

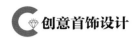

知识背景。而对于销售宝石的人员而言，业务熟悉程度也是客户考察的关键点之一，能否有效地说服客户购买，与自身对宝石是否熟悉和了解的程度密不可分。

宝石学以及宝石切割分别为鉴定方向和工艺类别的两门独立学科，有需求的读者可查考相关的权威书籍。这里从设计、配色及美学的角度做一些分析。对于商业首饰设计中所需的宝石，概括而言，大略可分为刻面形、弧面形、珠形、异形。

1. 刻面形

刻面切割是指利用光学原理，宝石做切面折光处理，从而加强其亮度与彩度，从视觉上而言，使宝石的质地增加美感效果。

2. 弧面形

弧面宝石则指宝石不做切面折光的处理，通过打磨使形体自然圆润，素质优雅。

3. 珠形

珠形也是宝石最常被用到的造型之一。常用于中、低档宝石款式设计，如项链珠、手链珠、耳坠珠、胸坠珠和其他佩饰珠等。珠形常以各种简单的几何立体造型为主，适用于半透明、不透明的宝石打磨中，可以表现出宝石的色彩美，同时体现宝石几何形态的整体美感。珠形根据其造型特点可分为圆珠形、椭圆珠形、扁圆珠形、腰鼓珠形、圆柱珠形和棱柱珠形等。

4. 异形

异形宝石包括两种类型。一种是自由形，另一种是随意形（也可简称为随形）。

（1）自由形指根据人们的喜好，或根据宝石原石的形状，将原石打磨成不对称或不规则的几何形态。也有些是写实的形状，例如树叶、鱼、昆虫等类似形状。

（2）随形是最简单的宝石造型。因为其基本上已由大自然完成了或者由原石本身形状决定了造型，人们做的仅仅是把原石棱角磨圆滑，并抛光以增强光泽。随形宝石的形态千变万化、稀奇古怪，具有其他宝石造型所没有的特殊魅力，因而很受追求个性的人们的钟爱。

（二）宝石切割方法

刻面宝石种类相较于弧面宝石更为繁多，根据不同晶体结构，需要用不同的切割方法才能呈现宝石的光泽度和火彩度。同时，因其商业用途，宝石需要以最大限度来保重，于是促成了五花八门的切宝石割的方法。在商业用途中，最常见的有12种切割方法，以图示方式整理如下。

1. 椭圆形切割

最为常见的切割方式之一，切好的宝石由上而下看，其线条柔和，光泽度和火彩度都很强（图6-10）。

2．梨形切割

梨形切割顾名思义，切割后宝石的形态上窄下宽，与梨的造型相像。梨形切割的宝石带给人唯美浪漫的感觉。摩根石、海蓝宝等清新的半透宝石均很适合（图6-11）。

3．圆钻形切割

圆钻形切割的最佳切面数是57或58，也是最理想的钻石切割方法，应用十分广泛。圆钻形切割能使火彩都凝集在宝石之上，耀眼夺目（图6-12）。

4．三角形切割

三角形切割的宝石造型基于三角形，多用于吊坠设计。其特点是将角截去，凸显刻面的变化性，整体光彩更好（图6-13）。

5．橄榄形切割

橄榄形切割也称为马眼形切割，看似是椭圆形，两边均向外延伸至一点。一般采用此类切割的时候，要充分考虑原石的形状（图6-14）。

6．祖母绿切割

祖母绿切割是专属于祖母绿宝石的切割方法。因祖母绿属于绿柱石切割，其他的切割方式很容易毁坏其质料，而阶梯式的切割正好弥补了这一问题。这样切割的宝石台面显得更大，能展现出祖母绿的高贵典雅（图6-15）。

图6-10　椭圆形切割宝石 ❶　　　　　　　　图6-11　梨形切割宝石

图6-12　圆钻形切割宝石　　　　　　　　图6-13　三角形切割宝石

图6-14　橄榄形切割宝石　　　　　　　　图6-15　祖母绿切割宝石

❶ 宝石图片均为作者建模自制。

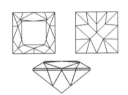

图6-16　公主方切割宝石

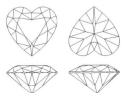

图6-17　心形切割宝石

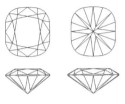

图6-18　枕形切割宝石

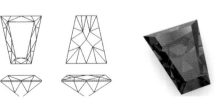

图6-19　梯形切割宝石（图片自制）

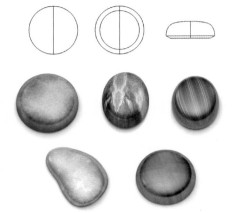

图6-20　弧面宝石

7. 公主方切割

公主方切割是花式切割的钻石之一，钻石大约有76个刻面，其4个边角也让宝石在视觉上会比同等宽度的圆形明亮式切割钻石显得更大（图6-16）。

8. 心形切割

心形切割的宝石由两个对称的翼瓣组、正中位置的凹槽和底部的尖角整体构成，是十分浪费原料的一种切割方法（图6-17）。

9. 枕形切割

枕形切割也是较为常见的一种切割方法，其将大刻面的深切和椭圆形切相结合，呈现出古典气质，是十分经典的切割款型（图6-18）。

10. 梯形切割（图6-19）

11. 弧面宝石（图6-20）

12. 珍珠

珍珠自古以来是最受人们喜爱的宝石之一，它包括天然珍珠和养殖珍珠两大类，颜色多样，有的外表晶莹润泽，有的则哑光内敛（图6-21）。珍珠最为常见的颜色是白色和奶油色。而今，珍珠的颜色已十分丰富，有大溪地黑珍珠、孔雀绿、孔雀蓝，日本真多麻（okaya）珍珠更是展现出稀有的星空蓝色。另外，珍珠的主色会随着泛光而变化，这些附加颜色通常为粉红色（也称蔷薇色）、绿色、紫色或蓝色。某些珍珠会出现虹彩现象，这种现象被称为珠光。从形状而言，珍珠通常为圆球形。也有近

图6-21　不同颜色、质感的珍珠（图片自制）

年来热度逐渐升温的巴洛克珍珠❶（图6-22）。

图6-22 异形珍珠

（三）宝石镶嵌方式

宝石镶嵌是指将宝石与金属镶托用不同的方式进行结合，使其具有佩戴的功能并且成为完整的珠宝首饰及饰品。宝石镶嵌工艺是一门专业要求很高的技艺，是属于首饰加工范畴的工艺。

在首饰设计中，知晓并一定程度地了解宝石镶嵌方法，对于一件首饰设计的完成起到关键性的作用。设计师或许无法独立完成难度很高的镶嵌工艺，但是在设计的样图中，需要明确地标注或以正确的绘画方式完成。尤其在商业首饰的设计中，通常会需要运用大量的宝石，此时宝石之间的衔接与结构关系与镶嵌方式密不可分。

宝石与金属的镶嵌方式可分为包镶、爪镶、虎口镶（城堡镶）、闷镶（欧洲镶）、轨道镶、钉镶、棒镶、密钉镶、无边镶、微镶、夹镶、柱镶、插镶（图6-23~图6-35）。

1. 包镶

用金属包边将宝石的四围包住的镶嵌方法。是十分经典的镶嵌方式。

（1）包镶有全包镶和半包镶两种，但全包镶的牢固性好，使用最为广泛。

（2）作为经典的镶嵌方式，其牢固性好，佩戴时不会剐蹭衣物。

（3）包镶会将人的目光吸引到宝石上，但宝石的外露部分相对较少。

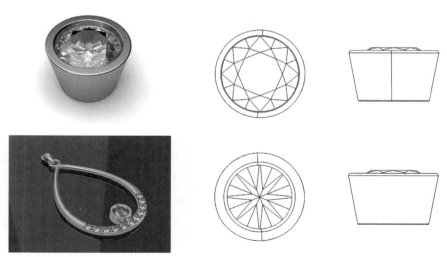

图6-23 包镶

---

❶ 巴洛克珍珠：巴洛克珍珠也称异形珍珠，顾名思义指的是形态上完全没有规律可循的一款珍珠，对于很多人来说，巴洛克珍珠看上去非常的怪异，看起来就像没有长好的珍珠一样，但其实并不是那样的，它们是大自然赐予人类的一种最奇特最具有灵魂的珠宝。

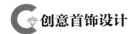
2. 爪镶

用金属爪将宝石牢固地扣在镶口上的镶嵌方式。

（1）爪镶的爪的数量通常为2~8个，在商业首饰设计中4爪与6爪最常见。根据宝石的不同切形，爪的数量也不同。

（2）爪的形状根据设计需要可以改变，最常见的为圆形截面的爪。

（3）爪镶的设计利于展示宝石的色彩，但其结构容易剐蹭衣物或头发。

3. 虎爪镶（虎口镶）

主要是用作替代小的配石，其特色在于金属本身需要做成方形柱体。爪的形状像三角及方形且镶口底部呈U字形，因为是用四个爪镶小钻石，对于镶嵌的小钻石来说是一种比较牢固的镶法。

（1）主要是用于小配石的镶嵌，需要在显微镜下进行，才能更好地观察配石镶紧的程度及镶爪是否被修整光滑。

（2）可以将小配石镶嵌的紧密饱满，如果需要在有限的空间中尽可能镶嵌大的配石，就可以用虎爪镶来完成。

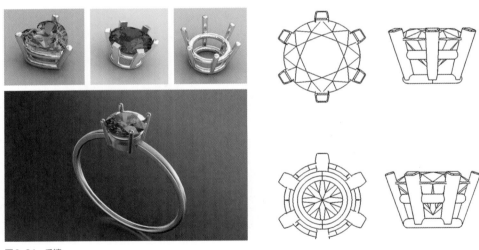

图6-24　爪镶

图6-25　虎口镶

4. 闷镶

闷镶是在镶口边上挤压出一圈金属边，并且压住宝石的一种工艺。这种镶嵌方法多用于小粒的宝石。

5. 轨道镶

轨道镶又称为夹镶或壁镶，是先在贵金属托上内侧车上沟槽，然后将宝石按照顺序夹进沟槽之中的一种方法。

（1）多粒宝石呈排状被两侧的金属壁形成的形如轨道的镶口固定住；

（2）这里宝石的固定方式与壁镶相同，但是主要是用于一系列小颗粒宝石镶嵌。

（3）这种镶嵌方式主要是要求宝石的统一性和颜色的协调性。

（4）相较于其他镶嵌方法，轨道镶较难操作且技术性较强。但是这种镶嵌除了贵金属卡槽将宝石固定住，各宝石之间也相互挤压，因而是非常牢靠的一种镶嵌方式。

图6-26　闷镶

图6-27　轨道镶

6. 钉镶

利用金属的延展性，用钢针或钢铲在镶口的边缘铲出钉头，再挤压钉头，卡住宝石的镶嵌方法。由于此镶嵌方法所起的钉往往都较小，不可能铲出较大的钉，所以通常适合小于3mm的宝石镶嵌。

（1）多用于群镶中副石的镶嵌，其排列分布多种多样。

（2）常见的有线形排列、面形排列、规则排列、不规则排列。依据钉的多少又分为两钉镶、三钉镶、四钉镶与密钉镶。

7. 棒镶

棒镶的外形可以看似为一条铁路的轨道。它是一种以微小的金属棒从两边夹住宝石的镶嵌方法。

（1）这种在宝石之间以金属分隔的镶法不会遮挡到宝石，能令钻石透入及反射更充足的光线，这更能突显钻石的艳丽光芒。

（2）棒镶和夹镶法相似，它们都可在同一个款式当中，同时采用经典款式和现代款式。而棒镶最好是与圆形、椭圆形、方形、公主方、绿宝石或长方形切割面的宝石一起使用。

图6-28　钉镶

图6-29　棒镶

8. 密钉镶

密钉是一种首饰的镶嵌方法，也叫起钉镶。把许多小钻石紧密地镶在一起形成闪耀的钻石群占满整个首饰，掩盖了底部的金属。

（1）这种镶法是把大量的小宝石铺在金属底座的表面，使金属表面被全部覆盖。

（2）首先要在金属表面做出许多大小合适的小坑，将小颗粒的宝石放入坑内后，从宝石周围用雕刀挑起小块金属做成珠齿压在小颗宝石的腰梭上以固定宝石。

9. 无边镶

无边镶由珠宝品牌梵克雅宝于1930生发明的，它的全称叫隐密式镶嵌法，也被大家叫作无边镶。

（1）无边镶并不是没有边，而是宝石之间没有镶边。

（2）这种镶嵌方法是难度最高的，是利用金属和彩宝之间的挤压达到稳定。

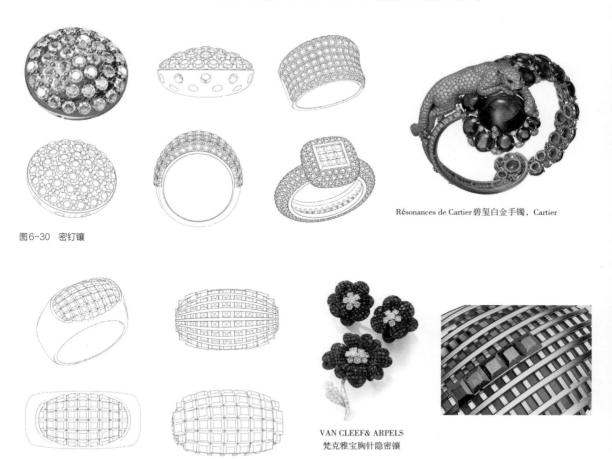

Résonances de Cartier碧玺白金手镯，Cartier

图6-30　密钉镶

VAN CLEEF& ARPELS
梵克雅宝胸针隐密镶

图6-31　无边镶

10. 微镶

一种新兴的镶嵌技术，微镶的宝石之间镶嵌得非常紧密，必须在40倍的显微镜下镶嵌而成，因此镶爪非常细小，金属很难用肉眼分辨，石头镶嵌后有一种浮着感，能较好地体现钻石的光彩。

（1）微镶通常利用小钻石来表现大的块面，对产品款式为弧面造型的表现有着得天独厚的优势，使产品款式看上去充满富贵与华丽，整体感表现力强。

（2）微镶的作品，其表面柔和，产品更加闪烁也更立体浑圆，恍如波光流动。

（3）微镶的工艺多用圆形宝石进行镶嵌，对产品所用宝石的大小、颜色、净度有非常高的要求。

11. 夹镶

它靠金属自身的张力把钻石固定住，就是看起来钻石像是悬挂在戒指的两个金属柄之间，也可以称为卡镶。

在激光技术下，对钻石进行精准的校对后，由工艺师在戒指的两个柄上开出很微小的槽，然后将钻石或是其他珍贵的石头就依靠金属柄的压力被固定在戒指上。

（1）其缺点是宝石被金属固着的接触面有限，受力点太小，在受到外力的撞击时，金属产生变形极容易造成钻石松动甚至脱落。

（2）宝石不能修改大小，需要在定制前确定戒指尺寸大小，避免出现问题。

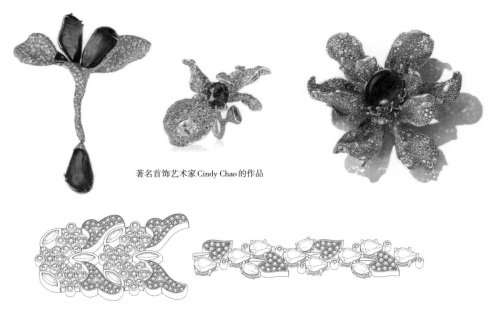

著名首饰艺术家 Cindy Chao 的作品

图6-32 微镶

图6-33 夹镶

12. 柱镶

用纤细的金属条将每一颗钻石独立分开，细柱粗细均匀、弯曲弧度一致，柱头经过圆滑处理后，从顶部观察犹如一个个光亮的小圆珠。

（1）每一颗宝石独立分开，宝石侧面露出的部分则折射出美丽的光芒。这种镶嵌方式属于复古风格，华丽而严谨。

（2）这是种非常适合小克拉小尺寸钻石的镶嵌工艺，精致而秀气。

图6-34 柱镶

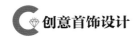
13. 插镶

主要用于珠类（珍珠、琥珀等）的镶嵌。

（1）将圆珠状的宝石打孔后，将首饰托架上焊接的金属针插到宝石的孔洞中，配合一部分胶粘的方式，提升镶嵌的牢固程度。

（2）这样的镶嵌方式不影响宝石主体，也更加美观。

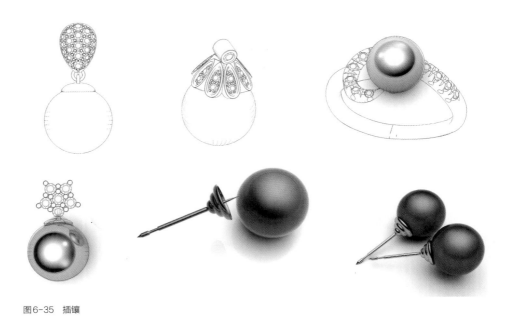

图6-35　插镶

（四）贵金属材料特性及用色

贵金属作为商业首饰设计中最为重要的材料，因其美丽的光泽度、良好的稳定性和贵重的价值，始终深受人们的青睐。贵金属与宝石的匹配性高，两者搭配相得益彰。

贵金属的基本色系分为金色、银色、红色及其他颜色。

1. 金与金的合金

金是最为典型的黄色贵金属，其颜色会随着纯度而发生变化。金的纯度表示法通常有两种，一种为成色法，另一种为K数法。成色法的计算单位是千分率（‰）；K数法则是用K系数来表示黄金的含量（把纯度100%的黄金称为24K）。K金制是目前主流的黄金计量标准，在足金中加入一定比例的银（Ag）、铜（Cu）、锌（Zn）等金属元素后，不仅能够增加金的硬度与韧度，最主要的是能够发展出更多样的颜色。K金首饰中所加入的其他金属也被称为"补口"（图6-36、表6-1）。

（1）黄色K金金属：22K黄金、18K黄金、14K黄金、12K黄金、9K黄金、8K黄金（图6-37～图6-40）。

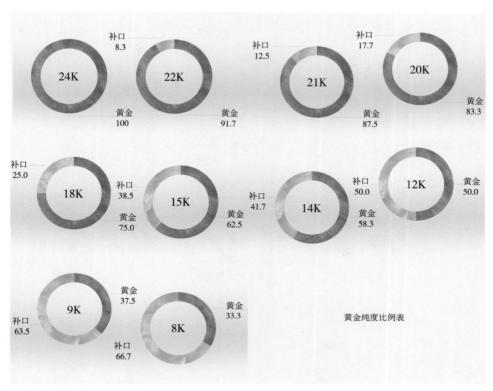

图6-36　K金与补口的比例关系

表6-1　K金的特性与应用

K金	特性	应用
22K	硬度比纯金高	可镶嵌较大的单颗宝石
18K	硬度适中，成品不易变形，延展性较好	广泛用于各类宝石的镶嵌工艺中
14K	硬度较硬，韧性、弹性好，价格适中	适合镶嵌各类宝石，最终成品效果理想
9K	硬度大、延展性较差，因含铜量高表面易氧化发暗，因此价格便宜	适合单颗宝石的镶嵌，广泛用于饰品和流行款之中

（2）白色K金金属：指的是黄金中加入不同的白色合金材料。银（Ag）、铜（Cu）、镍（Ni）、锌（Zn）等制作而成的合金金属。在首饰镶嵌工艺中被广泛使用。

（3）红色K金金属：指的是在黄金中加入了银（Ag）、铜（Cu）等制作成的合金金属。其呈现出不同的颜色（图6-41、图6-42）。

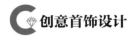
22K金黄色

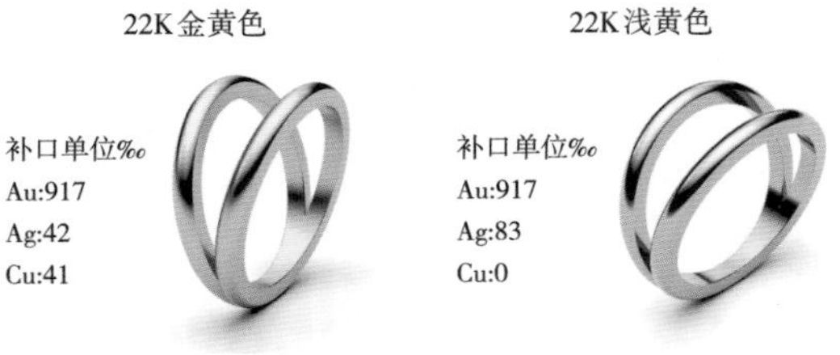

补口单位‰
Au:917
Ag:42
Cu:41

22K浅黄色

补口单位‰
Au:917
Ag:83
Cu:0

18K深黄色

补口单位‰
Au:750
Ag:125
Cu:125

图6-37　22K合金的补口比例与颜色 　　　　　　　　　　　　　图6-38　18K合金的补口比例与颜色

14K深黄色

补口单位‰
Au:585
Ag:150
Cu:265

14K浅黄色

补口单位‰
Au:585
Ag:205
Cu:21

9K深黄色

补口单位‰
Au:375
Ag:110
Cu:515

9K浅黄色

补口单位‰
Au:375
Ag:31
Cu:315

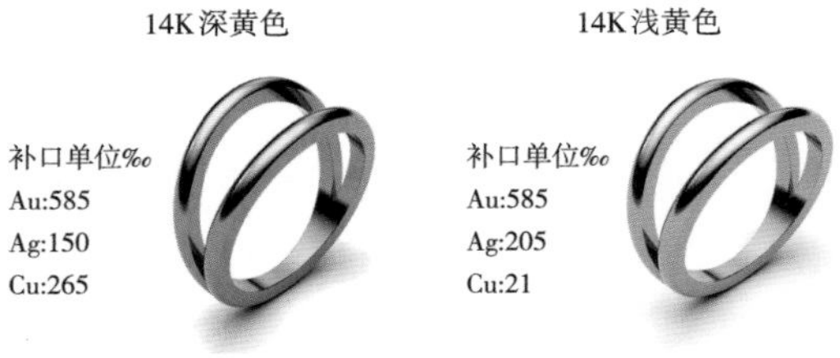

图6-39　14K合金的补口比例与颜色 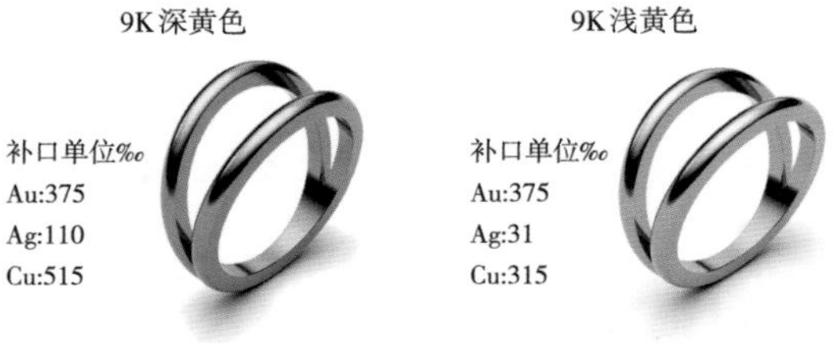　　　　　　　　　　　　　图6-40　9K合金的补口比例与颜色

18K红色

补口单位‰
Au:750
Ag:0
Cu:250

18K浅红色

补口单位‰
Au:750
Ag:80
Cu:0

18K亮红色

补口单位‰
Au:750
Ag:0
Cu:0

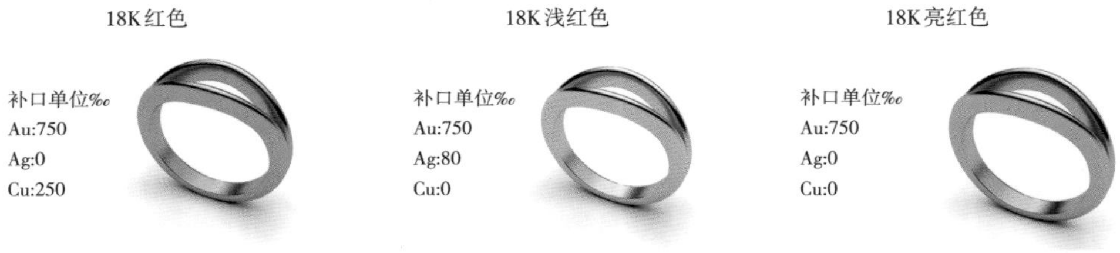

图6-41　18K红色K金的补口比例与颜色

14K红色

补口单位‰
Au:585
Ag:70
Cu:345

10K棕红色

补口单位‰
Au:380
Ag:250
Cu:250
Pd:120

9K红色

补口单位‰
Au:375
Ag:50
Cu:0

9K浅红色

补口单位%
Au:750
Ag:0
Cu:0

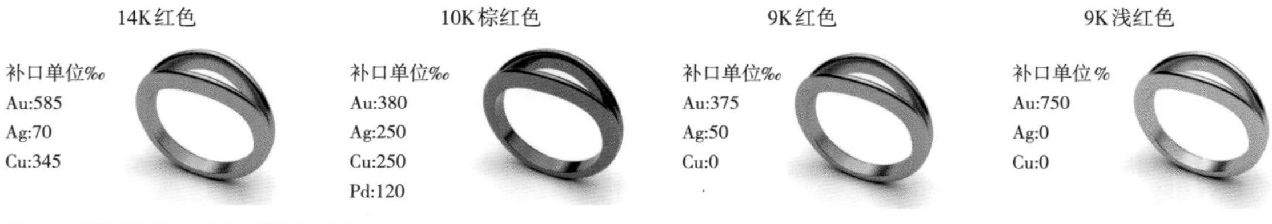

图6-42　其他红色K金的补口比例与颜色

2. 白色金属（图6-43）

（1）铂金与铂金合金：铂金（Platinum，Pt），是一种天然的白色贵重金属。铂金的历史可以追溯至公元前700年，至今日，铂金因其良好的物理化学性质，早已在首饰、航天等领域被广泛使用，也一直被认为是最高贵的金属之一（图6-44）。

铂金具有高硬度、耐磨、延展性好等特点，加上其化学性质非常稳定，耐腐

铂金　　　　　　白色K金　　　　　　银

图6-43　白色金属颜色

图6-44　戴妃款铂金戒指
（建模完成）

蚀、抗高温氧化，也不溶于强酸、强碱，在空气中也不会被氧化，因此，铂金首饰的价格也更为昂贵。

　　在首饰中被广泛使用的为铂金合金（Pt950、Pt900）。Pt950指含有95%铂金成分的首饰，其余5%为其他贵金属。由于铂金十分柔韧，只需1克就可以拉长成超过2公里长的细丝，使珠宝商们设计并制作出了极其柔韧的网状铂金首饰，这是其他任何一种贵重金属都绝对无法做到的。Pt900，指含铂金量达90%的铂金饰品，标记为Pt900。铂金的白色光泽更为偏冷，长期佩戴不会褪色，其坚硬度最适合与钻石搭配。曾经，铂金戒指的戒托常会采用Pt900铂金，因为Pt900的硬度高于Pt950，更适合于镶嵌其他物质。但如今已被Pt950所取代，因其含铂金量更高。

　　（2）银与银合金：银在贵金属中，密度最小，熔点低，产量大且价格便宜。银具有非常良好的延展性和韧性，仅次于金，易于塑型。银在常温空气中不易发生氧化反应，但在潮湿的空气中容易被硫的蒸汽和硫化氢所氧化，导致表面发黑。银的另一个特性是它能与金或铜在任何比例下形成固溶体。

　　银的纯度和种类：按照国家规定，常用来制作首饰的有990‰银、925‰银、800‰银，或者可以用纯度来表示，因为银的英语是Silver，所以925‰银也可以标注为S925。

　　（3）其他颜色贵金属：钛金属染色、黑色氧化银（图6-45）。近年来，钛金属在珠宝设计行业中逐渐流行，逐渐被许多艺术家所青睐，如陈世英（图6-46）、赵心绮（Cindy Chao）（图6-47）等著名珠宝首饰艺术家的作品均使用了钛金属。钛金属的极大优势在于其有两个特性：轻盈的体感和多变的色彩。

　　从密度而言，当使用钛金属制作首饰时，它的重量仅为传统贵金属的1/4左右。但钛的坚硬度成为加工过程中的极大障碍，随着技术的不断发展，虽然加工费用仍然高昂，但已经有不少高级珠宝品牌和艺术家们不惜重金打造了绝美的钛金属作品。

钛金属

氧化银

图6-45　钛金属及氧化银
　　　　色彩

图6-46　《绽放之心（Heart in Bloom）》胸针，钛金属，作者：陈世英

图6-47　胸针，钛金属，作者：赵心绮
（Cindy Chao）

通常金属的颜色十分单一，但钛金属能够展示出如彩虹一般的色彩变化。其丰富的色彩也为自身带来了"彩色钛"这一美誉，这些都是传统贵金属材料所不可企及的。通过电解处理和化学处理的方法，可以获得钛金属表面的各种颜色变化。加工方法是将钛金属放置在电解质中，通过控制电压来氧化钛金属的表面，使其产生能够强烈反射光线的氧化物膜。随着氧化膜厚度的增加，会有类似光谱的悦人颜色呈现出来。

（五）金属工艺的加工水准

商业首饰设计中，不仅需要最为基本的金属加工工艺，如锯、锉、焊等，蜡雕起版、制作模型、翻模、倒金属模等批量化生产的关键工艺也是十分重要的。因此，在设计完成后，如何与具有相关技术能力的工厂接洽便起了决定性作用。镶嵌石头的师傅也需要反复磨合，因通常是先有宝石再有设计，如果不能在镶嵌方式、石头的吻合程度上与工厂内的师傅沟通清楚，那么很多时候，产品会与设计图大相径庭。

近年来，3D打印技术突飞猛进地发展，使商业首饰设计师的沟通成本降低许多。设计师可通过建模来直观了解设计款式的细节，这样，与对接工厂的沟通变得顺利，产品的品质也更有保障。

四、商业首饰设计案例

（一）商业首饰设计案例（图6-48～图6-50）

The eyes of beauty　Inspiration

素有"人间仙境"之称的九寨沟总能让人流连忘返。大大小小蔚蓝的海子映着五彩斑斓的植物，放佛是大自然的心灵窗户，格外神圣。这次我便以美丽的九寨为灵感，将美景化为动人的眼睛。

因此，这套作品的主石是选用被称为"睡美人"的美国绿松石，纯净的天空蓝正是象征着那一汪圣水再搭配闪烁的锆石，以及黄白相间的S925。似那充满活力的山林。而当人佩戴时，走起路来，灵动的耳环更像是微风吹拂湖面时的波光点点。

图1. 九寨沟　图2. 素描眼睛
图3. "睡美人"绿松石

图6-48　商业首饰设计灵感来源和元素提取，作者：蒋宛君

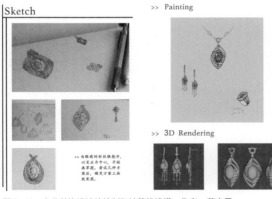

图6-49　商业首饰设计稿绘制和计算机建模，作者：蒋宛君

图6-50　商业首饰设计成品制作及摄影展示，作者：蒋宛君

（二）国内商业高级珠宝订制品牌案例（图6-51～图6-54）

洛榭珠宝（Laucher Jewelry）是张啸先生于2015年创办的一家集展示与消费于一体的珠宝线上平台，公司搭建一个实现交流、设计、体验、鉴赏等全方面功能的珠宝体验会所，指导经营各类中高档彩色宝石饰品，其中以红宝石、蓝宝石、祖母绿为代表。公司打造出洛榭珠宝品牌，只为追求高层次、高水准的珠宝产品，在设计师的笔触和工匠大师们的精湛工艺下将顾客心中所想、所向往的珠宝艺术展现出来。

图6-51　18K 镶皇家蓝蓝色宝石耳钉，皇家蓝蓝色宝石马眼钻石镶嵌

图6-52　18K 白金镶缅甸顶级无烧鸽血红宝石戒指（红宝石3克拉，钻石2.059克拉，重7.77克）

图6-53　18K 白金镶 vivid green 祖母绿戒指（祖母绿1.86克拉，钻石0.5克拉，重10.43克）

图6-54　各类彩色宝石定制设计

第二节　艺术首饰设计

一、艺术首饰的概念

艺术首饰是工作室手艺人所创造的珠宝的名称之一。顾名思义，艺术首饰强调创造性的表达和设计，其特点是使用材料多样化。而这些材料通常是生活中唾手可得的，其经济价值也较低。从这个意义上来说，它形成了对传统珠宝或精致珠宝中使用"珍贵材料"（如金、银和宝石）的颠覆，亦是另一种设计上的补充与平衡。在这些材料中，物品的价值与制作它的材料的价值挂钩，而核心是设计者即艺术家通过作品所想要表达的观念。

在艺术首饰设计创作过程中，也会与其他媒体的工作室工艺相互结合，如应用玻璃、木材、塑料和黏土等制作工艺，探索这些材料的可行性以及在首饰语言中所要表达的内涵。通过这些融合，作品更多时候成为分享信念和价值观的完美载体。在教育和培训领域，艺术首饰也起到了不可替代的作用，能够给予创作者更为广阔自由的创作空间。简而言之，艺术首饰自身既是一门艺术，也与美术和设计有关。

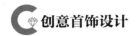
二、艺术首饰的创作要素

（一）探讨佩戴者自身的内在关系

美国艺术家芭芭拉·克鲁格（Barbara Kruger）在其1989年的一幅著名作品中写道："你的身体是一个战场。"

珠宝与身体有着内在的联系，戴首饰有时还会成为我们习惯的一部分。无论佩戴、未佩戴，对珠宝与身体关系的感知都创造了一种特殊的亲密形式。这种亲密的形式意味着珠宝可以作为自我的象征，作为我们经历的见证，作为身份和人际关系方面的符号。

艺术首饰的创作更像是探讨首饰与自我意识的关系，以及它在各种情境和环境中如何帮助形成某人的自我意识。

（二）探讨记忆与情感的链接

珠宝与记忆密切相关。艺术首饰则鼓励从各个不同的角度来思考这个关系。它可以成为我们与其他时间、地点和人沟通的渠道，也可以作为我们对相关"他人"情感的容器，并通过这种方式展示我们自己的方方面面。

例如，艺术首饰可以为失忆症患者提供记忆的补偿，通过相片等影像资料或捕捉提取某种特殊符号后，来创作出具有特殊意义的作品。通过作品展示出个人生活的某种特定阶段，同时唤起幸福的回忆。而这样的创作方式，本身就是具有特殊意义的。它的核心是由人际关系和个人的意义感和自我感创造的亲密空间。

尤其是在当下这个数字时代，人们痴迷于捕捉数据，却逐渐丢失了真实的自我感受、与他人的情感链接，而艺术首饰可作为一种记录方式，帮助人们回忆某个时刻的感受与情感表达（图6-55）。

图6-55 《窗外》，材料：999银、亚克力、高温珐琅，作者：许诺

（三）探讨材料媒介的表现力

材料的多样性使艺术首饰的创作更为自由且更具有实验性。当代首饰艺术家们的作品主题往往不是关于奢华，甚至不是关于永久。他们力求用创新的材料和实验美学来丰富传统珠宝设计的世界，还着重于这些材料的创造性使用。

第三节　参赛首饰设计

一、参赛首饰设计概念

以比赛为目的的首饰设计创作活动，既可以以商业设计为方向，也可以以艺术首饰设计为主体，主要根据主办方的要求而定。

首饰设计比赛以国际性和地区性进行划分，比赛级别、规模大小、内容重点及参赛形式也各有不同。因此，若准备参加某项特定的比赛，设计师需要提前关注并充分了解比赛要求及时间截点，以免错失参赛时间。尤其是一些具有国际影响力的首饰设计比赛，有一年举办一次的，也有两年一次的，这些都需要提前确认并留有余地。

二、参赛首饰设计类型

虽然都是以比赛为目的进行的首饰设计创作，但如之前所述，根据不同的主办方，具体的参赛要求各不相同。总体而言分为两大类别：

（一）以选拔设计人才为目的

此类比赛通常会设定较为开放的设计主题，内容设限也较少，在材料方面更加多元化。并且比赛还会划分不同的组别，以精准选拔对象。主办方往往是首饰领域某协会，邀请并联合具有首饰专业的院校来共同举办。

通过比赛，针对学生组，选拔出一批优秀的在校生。而参赛的学生往往更能被激励，不论是否获得奖项，首先得到了眼界、心态及时间管理等各方面的锻炼，同时能更好地发现自身的优势或不足，为自己下一阶段的学习明确目标。针对专业组，比赛能为设计师们提供更为广阔的展示平台，挖掘设计师的创造潜力。相

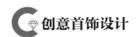

较于学生组别，专业组的评判要求更高，不仅需要具备创意性，更需要在材料的运用、工艺的完整性方面体现专业性。

当然，主办方也能够通过比赛收获更多的人才资源，提升其凝聚力和在业内的影响力。

案例：新锐首饰设计比赛（图6-56）

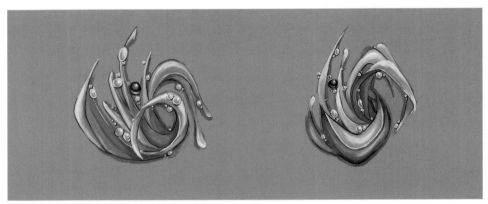

图6-56　2021年新锐首饰设计比赛入围作品《玉露·双生》，作者：陈攸宁

（二）以商业需求为目的

此类型首饰设计比赛也较为常见，多以满足企业自身的商业需求为目的。很多首饰设计公司，会直接通过举办比赛的方式，向高校或在行业内招贤纳士，征集更多的设计方案作为公司的设计资源储备。同时，企业还可借比赛进行宣传，达到推广自身品牌文化及商品价值的目的。

此类比赛的设计主题紧贴产品核心，设计内容和选用材料均有具体的要求，其用途也更明确，即能落地销售。比赛对象一般并不具体设限，更注重企业影响力的推广。主办公司也会邀请院校或协会联合办赛，同时聘请院校或业内专家组成评委团队。

参加此类比赛者往往能获得许多商业设计的实战经验，对于在校学生来说，能提前了解企业诉求及商业首饰设计的关键要素；而对于有从业经验的设计师而言，能尝试不同的设计思路，也是与同行企业沟通的良好机会。

案例：祖母绿商业首饰设计

首届"瑞翡丽"珠宝设计大赛以"秘密花园"为主题，在历时3个半月的时间内收到来自设计院校的参赛作品共计101份。在各方的通力协作与共同努力下，顺利完成了作品征集、初评和终评等环节。

　　"瑞翡丽"是一家来自巴西祖母绿矿区，致力于祖母绿首饰原创设计开发的优质公司。作为专业从事高端定制业务的公司，其希望依托矿区资源优势，帮助设计师们解决宝石采购的资金压力。同时，提供镶嵌、售后等配套服务，让刚踏入设计师行业的伙伴能够更好地发挥自己的才能。此次比赛最终前三名的作品都以实物制作后呈现，这对于学生和年轻设计师而言无疑是一次很好的机会。

　　通过两轮专业评委组评定后，有三位同学的作品入围，一名同学获得二等奖（图6-57、图6-58）。

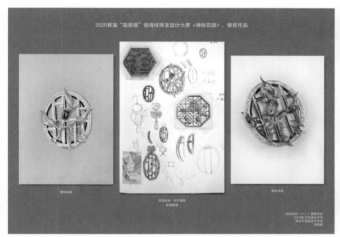

图6-57　二等奖手绘设计稿，作者：汤思群

图6-58　二等奖实物作品，作者：汤思群

附录　行业观察采访

一、区子瑜

曾经就读于上海视觉艺术学院珠宝与饰品设计专业，毕业后先后在上海、深圳等多家知名珠宝首饰公司就职，从事销售、设计等工作。2017年中，正式创立独立设计师品牌"道子——Be Kid Art"，主要承接情感珠宝私人定制业务。公司发展至今，已拥有十分稳定的客源，并且其自创的设计产品也同时在线销售。今年起，公司将相继与服装设计师品牌合作，筹划品牌复合店，迎来进一步的发展。

1. 您毕业后从事首饰设计行业约有多少时间了呢？能否简单介绍一下您的从业经历？

我毕业后先留在上海工作了一段时间，当时去的公司需要的几乎都是销售人员。上海一直是很多公司争先占领的销售平台，而加工和制作都在广东、深圳等产地。因为始终想从事设计工作，我决定回到深圳发展，离产地近一些。

在深圳的第一份工作是TTF珠宝公司❶（业内知名大公司）。该公司主要承接的业务是高级珠宝定制、自主品牌产品研发，也为一些高端品牌提供设计服务，因此需要大量的设计师。当时正逢招新高峰，我被顺利录用，直接进入自主品牌研发组。进入后才发现设计工作与我想象的大相径庭。由于公司规模较大，设计研发组里的设计新人居多，新人的优势是想法大胆、新颖且富有热情，但缺乏经验，因此设计总监在其中起到很重要的把关作用。我的稿子被设计总监挑中后本该高兴，但马上面临销售的二次筛选，通常销售不在意设计的好坏，只注重是否好卖，所以大量稿件会被驳回。即便退回的稿子再三修改，也很难在设计总监和销售两者之间平衡，导致出稿效率极低，渐渐地，设计师成了最为矛盾的职位。半年后，我主动离职，后据我所知，这个组也被撤销了，应该是公司也觉得出稿率过低，难以平衡。之后的自主品牌产品也多为较具设计感的婚戒、对戒，毕竟这些是"刚需"的品类。

---

❶ TTF珠宝是一家具有全球影响力的以原创设计及新技术研发为核心竞争力的中国珠宝厂商。TTF HAUTE JOAIL-LERIE 2002年9月创立于中国深圳，致力于打造中国高级定制珠宝第一品牌。TTF具有世界级的工艺技术水准，作为玫瑰金技术的全球领导者，TTF永久解决了玫瑰金易变色和易断裂的世界性难题，被同行喻为"中国玫瑰金技术之父"，其925银抗氧化技术、显微悬浮镶嵌工艺、素面彩色宝石密钉镶嵌工艺、浓硫酸代替氰化钾环保炸金技术等十多项卓越专利技术解决了珠宝制作的世界性难题。

之后，我去的第二家公司是深圳一家模式新颖的珠宝设计公司，规模虽然不及TTF，但定位十分明确，即做情感定制首饰（类似于Belove珠宝公司❶）。公司将总部及销售窗口设立在北京，并与多家婚庆、婚纱企业合作。与设计师通过网络会议连线，当场绘出婚戒设计的图稿，这样的设计方式确实是大胆之举。我被安排在公司的设计组，记得当时一起入职的还有职业技术学院的毕业生。他们的手绘和制作能力确实很强，但是设计思维不易打开。由于这个品牌主打情感联结，这就需要了解客人的好恶，通过交流找出具有针对性的个性化的设计方案，这个阶段非常考验设计师的沟通技巧以及发散性思维、提取元素等联想能力。这时，能体会到当时在学校学的引导设计思维等内容是十分有帮助的，能让我很有余地地展开一个设计过程，哪怕是遇到非常有个性的客户，也能通过一个设计元素进行思维的发散，找到突破口。在公司2~3个月后，我就能独立对接客人，完成设计稿的绘制了。后来，我还是离开了这家公司，因为我发现了自己缺乏的部分，就是如何让想法与商业部分能更好地接轨与落地。

非常幸运的是，我去的第三家公司似乎就是为了解决这个问题而量身定制的。当时遇到的一位前辈，在看过我绘制的设计过程图后觉得十分有创意，但商业转化的能力较弱，想给我一些建议。于是，我去了该前辈的公司，公司主要做翡翠艺术创新设计，而当时鲜有人去做这块。这位前辈20多年来一直从事高端翡翠首饰定制业务，开创新的品牌是希望在设计上有新的突破。个人觉得这份工作让我更深入地在创意与商业之间找到了某种平衡。

我曾经出过一款带有荷花元素的首饰，当时深圳公园正值荷花盛开之季，我就跑去写生了一整天。通过灵感来源收集，到元素提取，再到设计变稿直至最后定稿，过程十分完整（附图1、附图2）。

附图1 荷花元素首饰设计

附图2 灵感来源及手稿图

---

❶ Belove是婚戒定制开创品牌，用爱情故事定制真正的婚戒。主打全世界仅此一枚的婚戒。

这个过程让我很安心，也会在设计上更有逻辑性，更有底气。当然，过程中这位前辈在元素的转化方式上给了我很多修改意见，比如弧度、细节的增减等，最终作品完成的效果很不错（附图3、附图4）。我已经彻底摒弃从珠宝到珠宝的捷径，会继续坚持别人觉得不值当的设计过程，因为只有这样才能继续保持设计的原创性和独特性。因此，我现在的客户都是认可我的设计思维的，他们会给我最原始的故事背景以供我思考。

离开这家公司后，我在冥冥之中被推向成为一名独立设计师。2017年，在朋友的委托下，我开始为朋友的婚礼设计具有个性的婚戒。这对新人也是艺术生，喜欢武侠小说，对武侠不甚了解的我开始大量收集资料，做了关于武侠的功课，然后选定了干将莫邪这个主题来开展设计，最后成品效果很好（附图5）。

附图3　成品效果图（1）

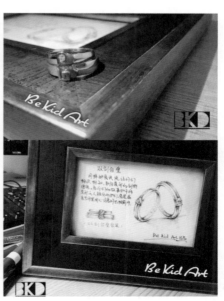

附图4　成品效果图（2）　　　　　附图5　个性化婚戒定制设计

　　慢慢地，我发现自己已经形成了个性化定制设计师的人设，千奇百怪的故事和有趣的灵魂接踵而来，我希望可以为他们做一些不一样的首饰。我也开始坚定一点：每一对新人的幸福可能是相似的，但每一对情侣的爱情故事却不尽相同，怎么能甘于和他人共享同一个款式呢？

　　记得有一对客户需要定做一条大气美观的项链来搭配婚纱（附图6）。当时，我想到多数婚礼项链都会比较夸张，为了配合整个氛围，也为了拍照更有存在感，但如何能做到既大气又适合日常佩戴呢？最后我想到设计课中提及的可拆分首饰，为对方设计了一款可以拆卸的项链。项链在组合佩戴的时候体量较大，符合婚礼的需要；而拆分后的小件，即使在平日里佩戴也毫无负担（附图7、附图8）。

　　没想到这款设计让客户十分满意，后续又有很多客户受到启发，提出各式各样的拆分需求，我也就此开始研究各种有可能实现拆合的结构（附图9～附图11）。我觉得很多时候，是因为自己不想辜负客户才不断进步的。

附图6　个性化项链定制设计

附图7　婚庆功能性可拆分首饰设计（1）

附图8　婚庆功能性可拆分首饰设计（2）

附图9　客订可拆分首饰系列（1）

附图10　客订可拆分首饰系列（2）

中间主体部分可拆卸作日常胸针佩戴

附图11　客订可拆分首饰系列（3）

2．您通常是从哪里寻找设计灵感的？

我会从写生、阅读、参展中找寻设计灵感，也会了解一些雕塑语言，因为首饰是缩小的雕塑，而且当代雕塑很有意思。

3．您是如何安排您的设计工作的？

珠宝设计工作其实并非表面看上去那么光鲜亮丽，实际是很辛苦的。多数时候会按照客户的单子来安排，根据时间先后来协调前后顺序。更多时候需要一直保持工作状态，灵感来临的时候可能在高铁上、洗澡时、睡觉前。再则客户的问题与反馈都需要随时思考给予回应，加入设计环节中进行调整。开始时像调版、跟单，产品照的拍摄、修图，以及宣传都需要自己先去摸索，这也是独立设计师的辛苦之处，想要入行的人得做好这样的思想准备，如果能在之前的工作中有意去培养这方面的能力，能摸索出一定的门道，是再好不过的。

4. 您的设计流程是什么样的？

（1）沟通确认设计任务。

（2）灵感来源收集。

（3）提取设计元素。

（4）绘制草图。

（5）深入与客户沟通。

（6）拓展思路。

（7）优化设计细节。

（8）对接工厂、跟单。

（9）售后服务。

5. 您大多时候设计哪种类型的首饰？

目前公司的主要业务还是以客户的情感定制为主，但我也做自己的系列设计款，有饰品方向和不常用的工艺方向，近期也在考虑和服装品牌合作。

6. 您个人偏爱的首饰设计类型是什么（当代首饰、商业首饰或其他）？

我好像没有特别偏爱某种类型的首饰设计，很早之前我就强迫自己不要形成某种偏爱，很怕自己会变得狭隘，以致偏激地排斥偏爱以外的首饰。后来我发现我的偏爱存在阶段性，当代、商业、未来主义等，慢慢地就变成了博爱，觉得任何类型与风格都有它有趣的地方。做客户定制单之后也会发现，客户形形色色，什么风格什么类型你都要了解，都不能排斥。而长期做客户定制款后，需要释放一下自己的设计想法时，我会选择参加比赛，通过一些主题性的比赛创作，把我从以服务客户为中心的状态中抽离出来，做一些平时没有机会尝试的艺术首饰和自己喜欢但还不被大众所接受的工艺类型（附图12）。

7. 在学校期间，您学习首饰设计课程的最大感受是什么？从业后感受到的最大差异在哪里？

就我个人而言，我觉得还是很受益的。其实设计归根结底是

附图12 个人参赛获奖作品

一种思维方式，这个部分的训练是需要先打开思路的，也就是要敢天马行空地发散想法，再逐步收回落地，这是在学校期间所学到的。从业之后一定会和学校不同，学校是启蒙阶段，而入职后所经历的也是学习，只是行业的商业目的更明确（附图13）。

8. 您对新的设计师有什么建议？

有人会说珠宝设计需要科班出身吗？记得我在参加一次设计比赛时被要求以这个命题进行辩论。我认为，如果把设计当作一种知识来学习，靠学得多来达到熟能生巧的目的，这个想法是不可取的。学校教育阶段更像是在抛砖引玉，关键是你是不是那块玉。因为我个人认为设计是无法教的，是需要热情、悟性、爱好来支撑自己终身学习的。这种学习包括历史、文学、艺术等各种领域，而不单单是设计直接相关的内容，所谓"工夫在诗外"，这句话用在设计师身上也是合适的（附图14）。好的设计需要一个好的内涵，需要设计师大量的知识储备，设计玩到最后，拼的是文化，是思想的维度与深度。

所以，我建议后辈们不要过多依赖知识的学习，而要不断通过一次次实践经历去调整自己，不要放过任何一个深入学习的机会，进而思考自己是否适合做设计，毕竟喜欢才能坚持。

附图13　商业首饰设计

附图14　多元化灵感来源提取

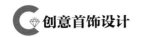

二、丁海若

毕业于上海视觉艺术学院工艺美术专业珠宝与饰品设计方向，获学士学位。后就读于美国著名罗切斯特理工学院（Rochester Institute of Technology）的金属和珠宝设计（Metal and jewelry design）专业，并以优异的成绩顺利毕业，获得硕士学位。

就读研究生期间，她的系列作品曾在多个国家展出并获奖。"我总是一只眼睛向内看自己，另一只眼睛向外看世界。"对她来说，艺术是对世界的诠释，她的创作灵感就是去寻找那些她一直无法触及的遥远事物。她想找出它们灵魂的召唤，她相信她会找到它们所有，然后所有景象会在某个特定的时刻相遇，就像被扔进火里的图像开始慢慢重叠。它们在较低的树梢，在哨声起伏的缝隙里，在仇人突然放声大哭的地方，甚至在十字路口的街道上。所以她一次又一次地抓住、改造、释放它们。"有时候，我很清楚，人们的生命很快就会结束，但它们不会。这是世界上唯一让我感到真实和快乐的秘密。"

1. 您是从哪里找寻灵感的？想要表达的是什么（可挑选您的代表作为例）？

我的创作过程并不是固定的，因为有时我的灵感来自一个想法或一本书；有时一开始甚至没有一个概念，它可能来自一种材料或一个物体。比如之前在我对竹文化感兴趣的时候，我花了很长时间来学习和研究竹子这种材料，我到竹子的发源地去采访工人，并且做了上百种小的模型测试它，切割、着色、烧制……然后我会做记录，比较和思考，根据材料的效果不断产生新的想法。最后的作品和真正的概念往往是在实验的过程中产生的。与之相反的是，如果我的灵感来自一个特定的想法或主题，那么这个过程就会反过来。我会先对这个概念做一些研究，然后寻找合适的材料，我会尝试不同的材料，最后再在这个过程中确定最适合我想表达的概念。

我的灵感可以来自任何地方，我并不试图去寻找它们，它们总是喜欢藏在一些能引起我共鸣的东西中。比如我有一段时间压力很大，情绪很低落，我就去研究人们的负面情绪，并做了相关的作品，我的作品《Soaking·Silence（浸泡·沉默）》的灵感就来自我和我的朋友吵架后，引起了我关于情绪、物质和人类之间的相互作用和自我意识角度的思考和探索。

● 《Soaking·Silence（浸泡·沉默）》（附图15、附图16）

这件作品从自我意识的角度对情感的爆发和物质之间的相互作用进行了探索和思考。从第一个极端——抑郁、愤怒等负面情绪的发泄，到第二个极端——释放后转为平静、安静，这两个极端的化学反应过程就是"控制"的展现。"就像生活一样，有很多事情会导致负面情绪，甚至导致破坏和毁灭，但这种状态最终会过渡至平静和安宁。"

我发现这种可控的、趋同的过程之中存在一种美。

或者有时只是因阅读了一本书，比如我读过凯特的《Life After Life（死后的世界生命不息）》之后，我忍不住地开始思考生活，我提出了一个问题：如果你可以不断重复你的生活直到你满意，你敢这样做吗？根据这个问题，我创作了《Equinox Flower（彼岸花）》系列作品。

● 《Equinox Flower（彼岸花）》（附图17）

这系列作品是我对人生的思考：如果你可以不断重复你的生活直到你满意，你敢这样做吗？

艺术源于生活。我的作品总是来自我的生活经历、挫折，来自发生在我身边的事情，甚至有时候只是我无意间留意到的一个物件。我觉得没有必要刻意去选择题材，大多数时候，我对一个物体或材料的热情，或对人生的某个阶段的怀疑、思考，或一个真正令我感兴趣的社会现象、人们的行为，都是我创作的灵感来源，自己最想做的和最想表达的，就是最好的。当我被某些事物或现象所吸引后，我会进一步探索、研究和思考，然后通过我的艺术作品与大家分享我思考的结果，进而引发更多人的审视。有时候这些作品的主题其实并没有答案，我只是抛出一个问题，人们需要自己去思考和探索。

● 《Decay（衰变）》（附图18~附图20）

这系列作品的主题是关于身体在试图生存的过程中不可避免地腐烂。我用发现的材料来强调身体在美学、怪诞方面之间的对比。

附图15 《Soaking·Silence（浸泡.沉默）》，2019年

附图16 《Soaking·Silence（浸泡.沉默）》细节，2019年

附图17 《Equinox Flower（彼岸花）》，2017年

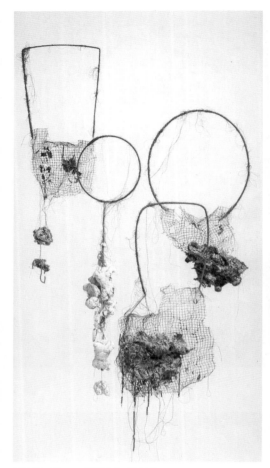

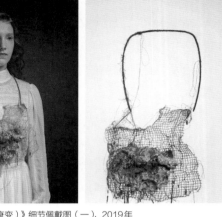

附图19 《Decay（衰变）》细节佩戴图（一），2019年

附图18 《Decay（衰变）》，2019年

附图20 《Decay（衰变）》细节佩戴图（二），2019年

2. 您是如何看待当代首饰艺术的？

我认为，在世界范围内，我们在环境、人际关系和工业方面处于一个悬崖边上。世界是多样而复杂的，但在深入探究下它又是空白的，甚至世界本身只是它自己。但从艺术的角度来看其存在的目的，从装饰艺术到今天的当代艺术，人们都在传达重要的信息和更多的思考。同时，观众和人们的文化素养也是在不断变化的，艺术的发展一直跟随着社会的文化水平，与社会多样性的差异密切相关。当代艺术于我而言更像是一种思想和评论，它的方式和表达形式本来就是挑战传统艺术本身的，甚至引发了人们对于到底什么是艺术的思考。因此，我认为它是更具有挑战性的，它为社会提供了一种文化讨论和表达方式，可以说它的存在本身就是一种思想。

3. 在经历了国内与国外的教学后，您觉得最大的差异在哪里？

我认为最大的差异还是创作的自由度，我在国外其实从来没有被教育要去创作什么，只告诉我想做什么就做什么，任何荒谬的想法都会得到支持。但我认为教育的差异来自不同国家间的文化背景和发展历史，每个人所适合的教育方式也不同，这是无可厚非的。

现在，随着网络技术的发展，我们不再需要长途跋涉，不需要面对面地去了解彼此的艺术作品，在世界范围内，我们可以很轻松地接触到其他艺术家的作品，融入当代艺术的世界。而且无数的画廊、博物馆和博览会还有策展人都在努力支持年轻艺术家，为我们提供访问渠道。所以，不论是在国内还是在国外，这个领域都有着越发光明的未来。并且，国内这些年的发展形势是绝对不可小觑的。

● 《Shanhai-Ching（山海经）》（附图21）

树脂、纸、油墨、珠子、银、线。

● 本科阶段首饰设计作品手绘（附图22）。

其他作品可参阅其个人网站。

附图21　《Shanhai-Ching（山海经）》，2020年

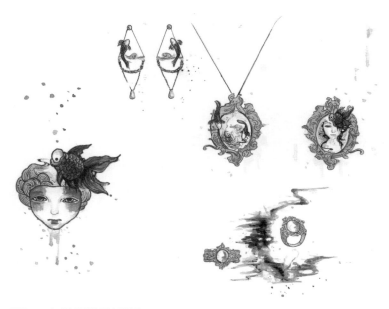

附图22　本科阶段首饰设计手绘稿

三、李佳音

曾经就读于上海视觉艺术学院珠宝与饰品设计专业，参加3+1国际留学合作项目，在本科阶段最后一学年前往英国邓迪大学学习，并以优异的成绩毕业。本科毕业后，继续在英国中央圣马艺术学院首饰设计专业深造，毕业后一心从事首饰设计工作至今。2018年，与好友共同创立首饰独立设计师品牌，转型为品牌主理人。

1. 您毕业后从事首饰设计行业约有多长时间？能否简单介绍一下您的从业经历？

我的第一份首饰设计工作是为国内一家高级定制珠宝公司做设计，该公司主要从事玉石高级定制首饰的设计，在业内乃至全国都有一定的影响力。目前，我仍然作为该公司的主要设计师之一，定期完成客订设计服务。

第二份工作是留学机构培训讲师，为准备继续前往英国首饰设计专业留学的学生做留学辅导。通过和后辈们的接触，也让我打开了不同的视角，并开始思考首饰设计教育的本质及留学对未来国内首饰行业的影响。

第三份工作是与朋友合作，创立了独立设计师品牌，以具有设计感的商业首饰设计为主。这份工作让我在品牌运营等层面获得了更多的成长。当然，就设计内容而言，更跳脱别人带来的框架和局限。在此期间，我个人的角色有所转换，从单纯做设计转化为品牌主理人，需要在想法上有很多的转变和调整。要直接面对产品的成本、市场的反应、品质的把控等一系列问题，而这些曾经只是知识层面的认知，兑现的时候难免会因现实因素产生的差异。现在的我比较能理解运营一个品牌的不易，更感叹需做长期的准备，以及随时做好投入更多试错成本的心理准备。

2. 您是从哪里找寻灵感的？

我从自身的感悟与人生态度中获取最重要的灵感来源。如何理解呢？就是从自己能感知到或观察到的身边事物出发收集灵感，这个也可以称为初步的调研。我曾经在首饰设计课堂上有所学习，当时不太能明白，好像很多事情喜欢或讨厌并不需要理由。记得刚去英国读大四的时候，我在思维方式上有了很大的改变，可以说直到那时才有一点点明白过去在国内课堂所学的意味着什么，这点对于我适应当时英国的学习无疑很有帮助。但坦言，内在的理由和背后的意义还是比较模糊的。

我个人认为，一旦找到灵感来源，不要急于投入创作，而要进一步分析元素，随后在设计上尝试。并且更重要的是第二次深入调研，也就是深入思考这个灵感来源与设计意图之间的关系。这个时候需要用批判性思维（Critical Thinking）❶来反复推敲，并不断地接近设计意图。

3. 您的设计流程是什么样的？

（1）设计理念。

（2）初步调研（自身出发）。

（3）思考分析。

（4）提取设计元素。

（5）做设计尝试（草图，做模型）。

（6）思考分析。

（7）深度调研（艺术，市场）。

（8）发散思维。

（9）拓宽设计思路。

（10）优化设计（细节，材料，工艺）。

（11）研究用最好的呈现方式让设计落地。

4. 您大多时候设计哪种类型的首饰？哪种材料？

平时肯定是以商业首饰设计为主，毕竟先要养活自己。材料以贵金属为主，也结合玉石。

5. 您个人偏爱的首饰设计类型是什么？

从个人的角度来说，当然还是更偏爱当代首饰，因为这是更接近艺术的创作，是撇开市场接受度的一种纯粹个人表达。材料方面并没有设定，只要是符合内在的表达即可。可以说，做当代首饰更像是做艺术家。

当然，商业首饰毕竟是设计师的立身之本。两者其实意图不同，艺术引发争议或共鸣，而商业则服务于受众，但我觉得两者也并非绝对的对立矛盾。比如近十年，随着国内首饰市场的日趋发展，更多海外留学毕业的学生回国发展，可以看到许多的独立设计师品牌既有独特的艺术设计语言，又很适合佩戴，价格友好，自然销量不错。这些独立设计师首饰品牌如雨后春笋一般诞生，这也正说明大家对首饰的艺术性和创意性的诉求在不断提升。

❶ Critical Thinking是一种思维模式，即一个人看待这个世界的一种方式或对待学术的一种态度。就是通过一定的标准评价思维，进而改善思维，是合理的、反思性的思维，既是思维技能，也是思维倾向。最初的起源可以追溯到苏格拉底。在现代社会，批判性思维被普遍确立为教育特别是高等教育的目标之一。
这种思考能力，包含了三个要素：全方位思考问题的态度；逻辑探究和推理论证的学问；运用这些方法的技巧。要求人们能通过持续不断的努力，并根据那些支撑它们的证据和它们倾向的进一步结论，来检验任何理念或者某种假定的知识形式。

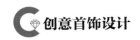

6. 在经历了国内与国外首饰设计课程的教学后，请问您有什么感受？最大的差异在哪里？

这个部分我的感受很多。可以说经历了两大转折：第一个转折是去邓迪大学读大四的时候，强烈感受到文化的差异，更重要的是感受到思维方式的不同。可以说我这一年的学习有大量时间仍是在观察，通过调整自己的节奏来适应学业。我发现之后自己整整花了两年的研究生时间才逐渐明白受教的背后所隐含的意义以及这个知识体系。我认为和国内的教学相比，国外更注重设计思维的培养，在材料运用方面也更为多元化。例如，在国内课堂上，我们会注重金属材料本身，但在英国的学习更鼓励我尝试更多的材料，因此在毕业设计的创作过程中，我用到了木头、珊瑚等各样有机材料。这无疑拓宽了我在首饰设计中对材料的宽容度。我想也许国内本科阶段，还是会更多受制于就业的忧虑，但国外或许这个部分的压力较小。因此，从我个人感受而言，国外的首饰本科教育把重心放在拓宽学生设计的维度，鼓励大胆试错。而到了研究生阶段，反而与商业需求紧密结合。国内恰恰相反，这个部分的差异是比较大的。

第二个转折是就读圣马丁大学期间，我原本以为圣马丁的研究生也是天马行空，作品疯狂大胆。但当我进入学习后，反倒发现比本科阶段更严谨，课堂用的都是真实的商业案例，意味着研究生阶段将直接考虑到如何与市场紧密结合。简言之，就是培养如何成为一名真正的首饰设计师。所学的核心内容可概括为两大板块：设计思维和品牌化思考能力的培养。

总之，虽然我所读的本科没有和其他院校比对过，但在视觉期间的学习经历还是给我的首饰设计生涯起到了很好的启蒙作用。

7. 您对新的设计师有什么建议？

给后辈们最大的建议就是请一定多花时间去找准自己的方向：到底是要当设计师还是纯粹走艺术家的路。如果你希望当一名首饰设计师，那么本质上就得认同这就是一份服务性工作。要学习品牌管理，得关注流行趋势的分析，更要考虑成本和预算等，当然更要了解大家到底喜欢什么，而不可能随意任性地做什么。而做艺术家就不同了，你可以很主观，当然如果你不具备一定的经济实力，那么就好好准备做一名设计师。如果一开始定位不明确，那么很可能会南辕北辙，持续挣扎很久而浪费了大把的时间。

我有一个朋友毕业于英国皇家艺术学院，与男友一起做了一个服装品牌，卖的衣服款式介于艺术和商业之间。但没过多久，她关闭了品牌，因为她发现自己还是更想走纯艺术的路，绕了一大圈后又重新开始。

其实，我认为学习是一辈子的事情，发现自己适合的方向才是重要的。以下

为本科毕业作品:《墨·韵》探讨中国绘画艺术与当代首饰设计的结合。材料:
木头、珊瑚、紫铜、高温珐琅、925银(附图23～附图27)。

附图23　灵感来源和变稿设计

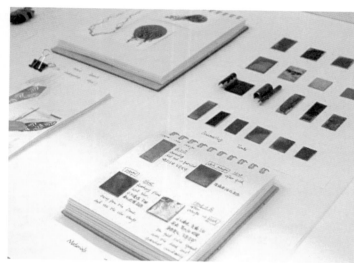

附图24　视觉日记与研究过程记录

附图25　实验性试验样本

附图26　珐琅试色样本

附图27　最终作品图